高等院校数字艺术精品课程系列教材

UI 设计

全彩慕课版

叶军 江韵竹 编著

人民邮电出版社
北京

图书在版编目（CIP）数据

UI设计 : 全彩慕课版 / 叶军，江韵竹编著. -- 北京 : 人民邮电出版社，2021.9
高等院校数字艺术精品课程系列教材
ISBN 978-7-115-56302-6

Ⅰ. ①U… Ⅱ. ①叶… ②江… Ⅲ. ①人机界面－程序设计－高等学校－教材 Ⅳ. ①TP311.1

中国版本图书馆CIP数据核字(2021)第059103号

内 容 提 要

随着移动互联网技术的普及和迅猛发展，UI 设计这一行业逐渐被越来越多的人了解。本书从 UI 设计的角度出发，以设计案例和项目实践相结合的方式，介绍 UI 设计的相关知识与操作技能。全书共 8 章内容，分别为认识 UI 设计，UI 设计要素，UI 设计规范，UI 设计布局与构图，网页界面设计，App 界面设计，界面的标注、切图与动效制作，以及综合案例——电商主题界面设计。本书每章的内容讲解和项目实训等都能有效锻炼并提高读者的设计思维能力和实际操作能力，还能帮助读者理解和掌握 UI 设计的相关知识。

本书可作为高等院校 UI 设计类课程的教材，也可作为 UI 设计相关工作人员的参考书。

◆ 编　　著　叶　军　江韵竹
责任编辑　桑　珊
责任印制　王　郁　彭志环
◆ 人民邮电出版社出版发行　　北京市丰台区成寿寺路 11 号
邮编　100164　　电子邮件　315@ptpress.com.cn
网址　https://www.ptpress.com.cn
涿州市般润文化传播有限公司印刷
◆ 开本：787×1092　1/16
印张：13.75　　2021 年 9 月第 1 版
字数：313 千字　　2024 年 12 月河北第 8 次印刷

定价：69.80 元

读者服务热线：(010)81055256　印装质量热线：(010)81055316
反盗版热线：(010)81055315
广告经营许可证：京东市监广登字 20170147 号

前言

党的二十大报告指出，高质量发展是全面建设社会主义现代化国家的首要任务。近几年随着经济的快速发展，国内互联网公司的数量呈现爆发式的增长，带动了UI设计行业的发展。据统计，2020年UI设计人员平均月薪迈过了万元大关，高级UI设计师年薪更是高达几十万元甚至上百万元。再加上UI设计行业对于设计类专业的人来说入门门槛较低，因此目前该行业十分火爆。为了推动UI设计行业的高质量发展，编写团队在吸纳UI设计领域最新教学研究成果的基础上创作了本书。

本书全面围绕UI设计的相关知识和操作技能展开讲解，内容新颖，深浅适度，知识全面。在形式上本书完全按照现代教学需求进行编写，适合实际教学。在内容上本书不仅对UI设计的基础知识和常见设计规范及方法进行了介绍，还通过实例的形式，对不同类型的UI设计进行了介绍，理论与实践相结合，具有较强的实用性。

同时，为了帮助读者快速了解UI设计，并掌握不同类型的UI设计方法，编者在阐述理论的同时，结合大量设计案例，使读者能将所学知识应用于实际工作中，更满足行业的需求。

本书第1～4章主要对UI设计相关的基础知识进行讲解，第5～6章主要对网页界面设计、App界面设计进行讲解，第7章主要对界面的标注、切图

Foreword

与动效制作的方法进行讲解，第8章则通过综合案例讲解完整的电商主题界面设计与制作方法。

从体例结构上来看，本书采用知识讲解+案例设计+项目实训+思考与练习的讲解结构，在知识讲解中穿插大量的案例设计，让读者边学边练，快速上手。知识讲解中还提供了“高手点拨”等小栏目，可以提升读者的知识面和应用技巧。“项目实训”板块中的每个项目都给出了明确的项目目的、制作思路等内容，以理论与实践相结合的方式开展讲解，最后辅以“思考与练习”中的练习题，帮助读者巩固所学知识。本书在需要扩展讲解的知识处配有二维码，这些二维码都是对知识的说明、补充和拓展，读者使用手机扫码即可查看。

另外，本书附赠丰富的配套资源和教学资源，需要的读者可以访问人邮教育社区网站（https://www.ryjiaoyu.com/），通过搜索本书书名进行下载。具体的资源如下。

（1）素材和效果文件：提供本书知识讲解、项目实训以及思考与练习中所有案例设计的相关素材和效果文件。

（2）MP4教学视频：提供书中实例操作步骤对应的视频文件，可通过扫描书中的二维码进行观看。

（3）PPT等教学资源：提供与本书内容相对应的精美PPT、教学教案、教学大纲和教学题库软件等配套资源，以方便和辅助老师更好地开展教学活动。

（4）大量设计资源：提供UI素材、网页素材、动效等设计素材，以及大量拓展设计案例视频，可以帮助读者更好地练习和设计作品。

由于编者水平有限，书中难免存在不足之处，欢迎广大读者和专家批评指正。

编著者

2023年5月

目录

Chapter 3

第3章 UI设计规范 /56

Chapter 4

第4章　UI设计布局与构图　/ 67

第5章　网页界面设计　/ 91

第6章 App界面设计 / 118

第7章 界面的标注、切图与动效制作 /157

第8章　综合案例——电商主题界面设计　/183

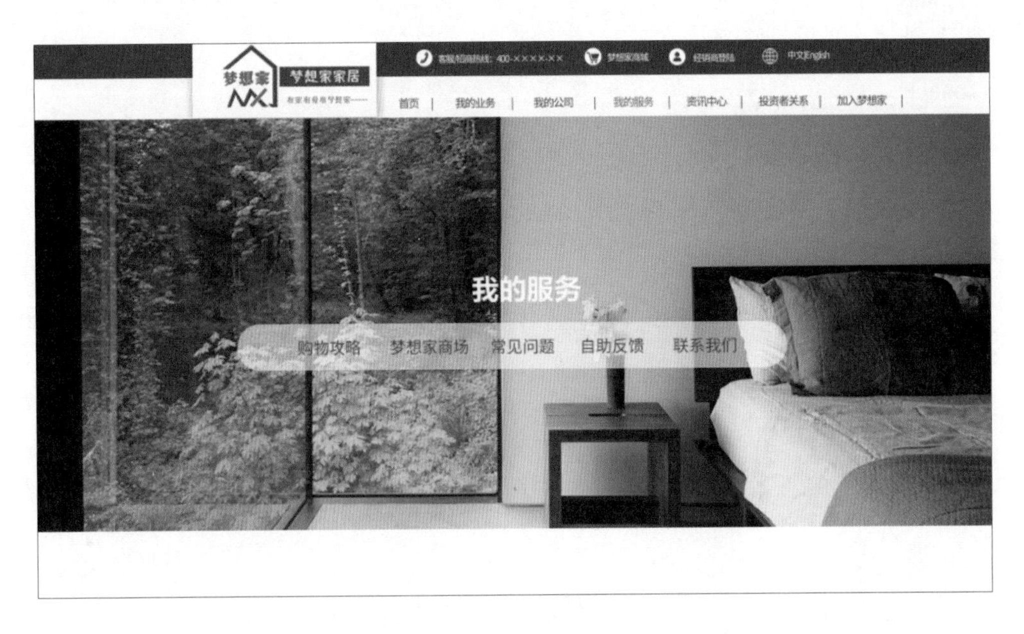

Chapter 1

第1章 认识UI设计

学习引导			
	知识目标	能力目标	情感目标
学习目标	1. 了解什么是UI设计 2. 了解UI设计的运用与发展趋势 3. 熟悉UI设计的原则	1. 能够熟练分析界面的设计特点 2. 能够掌握UI设计的基本流程	1. 提升对不同类型界面的审美能力 2. 培养对UI设计的兴趣与爱好
实训项目	1. 天气类应用软件界面的素材搜集与制作 2. 分析大型网络游戏界面的UI设计原则		

随着互联网的快速发展、人工智能技术的推动以及各种智能化电子产品的普及，越来越多的产品界面将会进行UI设计。好的UI设计能让产品界面变得美观、简洁、时尚，也能表现出产品的个性和品位，还能让产品的操作变得更加舒适简单，从而提升用户的体验。

1.1 UI设计概述

慕课视频

UI设计概述

UI设计凭借其统一美观的视觉感官体验、强大的交互性和真实的用户体验等特点得到了很多用户的高度认可，越来越多的企业开始重视UI设计。下面将对UI设计的基础知识进行介绍。

1.1.1 什么是UI设计

UI是User Interface（用户界面）的简称，UI设计是指对产品的人机交互、操作逻辑、界面美观等多个内容进行整体设计。简单来说，UI设计主要包括以下3个方面的内容。

- 界面设计。界面设计主要是对产品的外形进行设计，让产品变得更加美观。界面设计是UI设计中非常重要的一部分，美观的界面能够第一时间吸引用户的视线，让用户有继续浏览产品的欲望，同时，还能提升用户对产品的好感度，加深产品在他们心中的印象。
- 交互设计。交互设计主要是对产品界面的操作流程、结构、规范等进行设计，让整个产品界面的交互流程更加简单、方便，突出产品的特点。
- 用户体验设计。用户体验即用户的心理感受，用户体验设计是以用户为中心的一种设计手段，是UI设计中不可忽视的重要内容。在UI设计中用户体验设计表现为从用户的角度出发，满足用户需求，提高用户体验。

图1-1所示为“薄荷健康”App（Application，手机软件）界面。从界面设计来看，该App的主题色为绿色，各个界面的色彩统一，效果美观。从交互设计来看，每个界面中都有导航超链接或按钮，能够帮助用户在App中的各个界面之间进行跳转，并让用户了解和熟练使用该App。从用户体验设计来看，首先，统一、美观的界面设计能够让用户对该App第一眼就产生好感；其次，App界面中清晰的视觉结构和便于操作的按钮都能够满足用户对产品的功能性需求。例如，图1-1中前面4个界面都属于App的一级界面，在这4个界面中用户可以了解自己当前停留的界面与其他界面之间的关系，界面的结构层次非常清晰；后面4个界面都属于App的二级界面，该界面上方都有返回或关闭按钮，各个界面中也有不同的功能性按钮和超链接，点击按钮或超链接，App界面中就会出现相应的效果和界面，用户可以直接进行操作，方便快捷。

图1-1 “薄荷健康”App界面

1.1.2 UI设计的用户体验

用户体验是UI设计的重点，只有从用户需求的角度来考虑界面设计，才能更好地获得用户的关注。UI设计的用户体验主要体现在感官体验、交互体验和情感体验3个方面。

- 感官体验。UI设计中的感官体验即产品带给用户的视听体验，是用户体验中最直接、最明显的体验，也是用户对产品的第一印象，能直接决定用户的去留。影响用户感官体验的因素主要有界面的版式、色彩搭配、设计风格、动画效果等。图1-2所示为“宜家家居”官方网站首页界面，该界面划分了多个板块来展现内容，如“全屋设计”“每周星选好物”等，整个界面干净、简约，布局合理美观，用户点击某一板块即可进入相应的内容介绍界面，让用户对有关内容一目了然，并让用户快速了解网站的内容逻辑与结构，提升网站界面的可读性和趣味性，带给用户较好的感官体验。

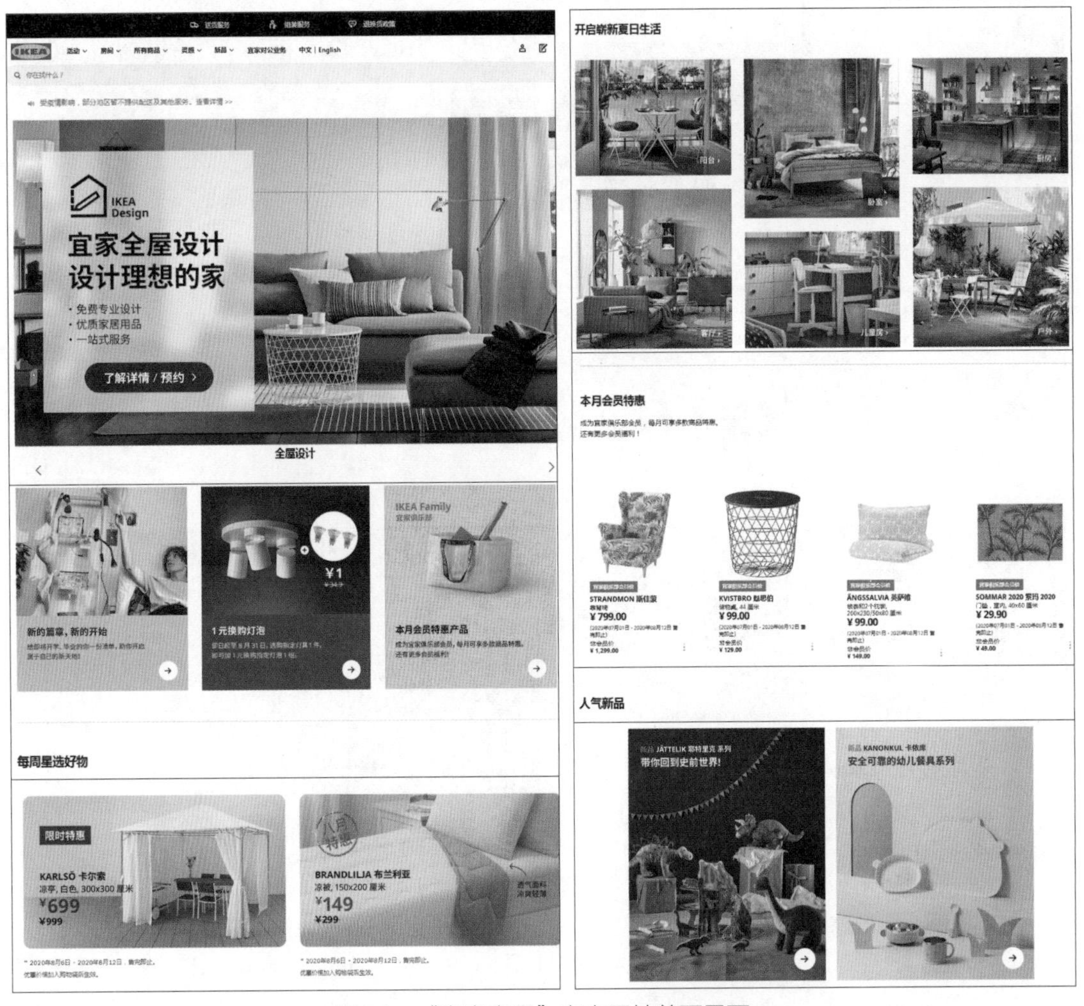

图1-2 “宜家家居”官方网站首页界面

- 交互体验。UI设计中的交互体验即产品界面带给用户操作上的体验，影响用户交互体验的因素主要是产品界面的易用性。图1-3所示为“虎课网”官方网站的登录界面，为了能让用户体验到网站界面操作的快捷性和流畅性，该界面主要采用了第三方社交网络账号一键登录的形式来简化用户的操作，如QQ登录、微信登录、手机号登录，使登录更加便捷，提升了交互体验。

- 情感体验。UI设计中的情感体验即产品界面带给用户心理上的体验。设计人员要提高用户的情感体验，首先需要提高用户的感官体验和交互体验，在满足用户视听需求和实用需求的基础上进行情感化的设计。图1-4所示为“百雀羚”官方网站首页界面，该界面使用了简洁的主题文字和动态的视频背景，当用户打开网站时就会被这种自然、真实的场景所吸引，仿佛置身于自然环境中，顿时感到心情舒畅。另外，该界面的导航栏也非常简洁、直观，能进一步提升用户的好感度，从而带动用户的情绪，使用户产生共鸣。

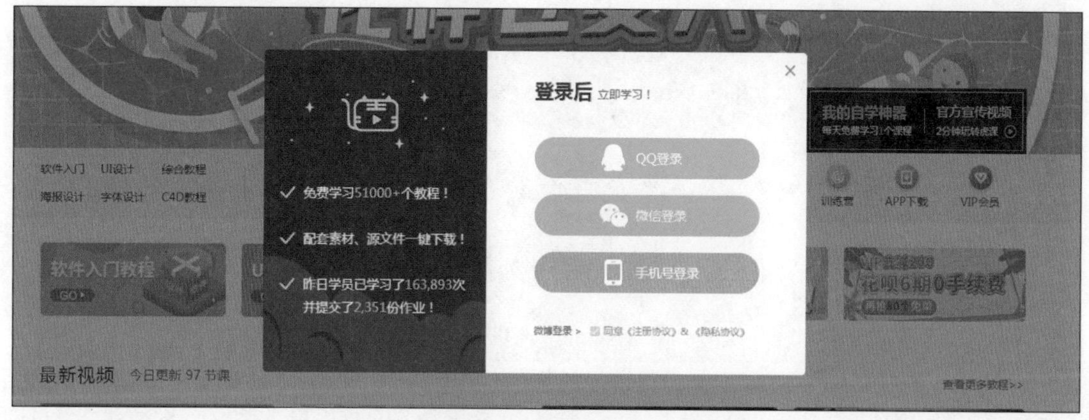

图1-3　“虎课网”官方网站的登录界面

图1-4　“百雀羚”官方网站首页界面

1.1.3 UI设计的常用工具

在进行UI设计时，设计人员常常会使用一些设计工具，常用的设计工具有Photoshop、Illustrator、After Effects、Axure RP、摹客等。

- Photoshop。Photoshop简称“PS”，是UI设计、建筑装修设计、平面设计、网页设计的常用工具，具有使用方便、功能强大的特点，可以高效地对图片进行处理与制作。使用Photoshop不仅能够制作静态的UI界面，还能够制作简单的动效，如按钮点击动效、登录交互动效、表情包动效等。图1-5所示为使用Photoshop制作移动游戏界面的效果。

图1-5　使用Photoshop制作移动游戏界面的效果

- Illustrator。Illustrator简称“AI”，是一款由Adobe公司开发的矢量插画工具，具有矢量动画设计、界面设计、网站制作和网页动画制作等多种功能。Illustrator作为一款矢量绘图工具，广泛应用于广告设计、网页制作、插图绘制、UI设计等诸多领域。设计人员在进行UI设计时常常会将Illustrator与Photoshop结合使用。图1-6所示为使用Illustrator制作UI界面的效果。

图1-6　使用Illustrator制作UI界面的效果

- After Effects。After Effects简称“AE”，是Adobe公司推出的一款图形视频处理软件，具有视频处理、动画制作、多层剪辑等多种功能。UI设计人员常使用After Effects制作产品界面中的动态图形和动画特效，使整个界面更有特色，更能吸引用户的注意力。图1-7所示为使用After Effects剪辑视频的效果。

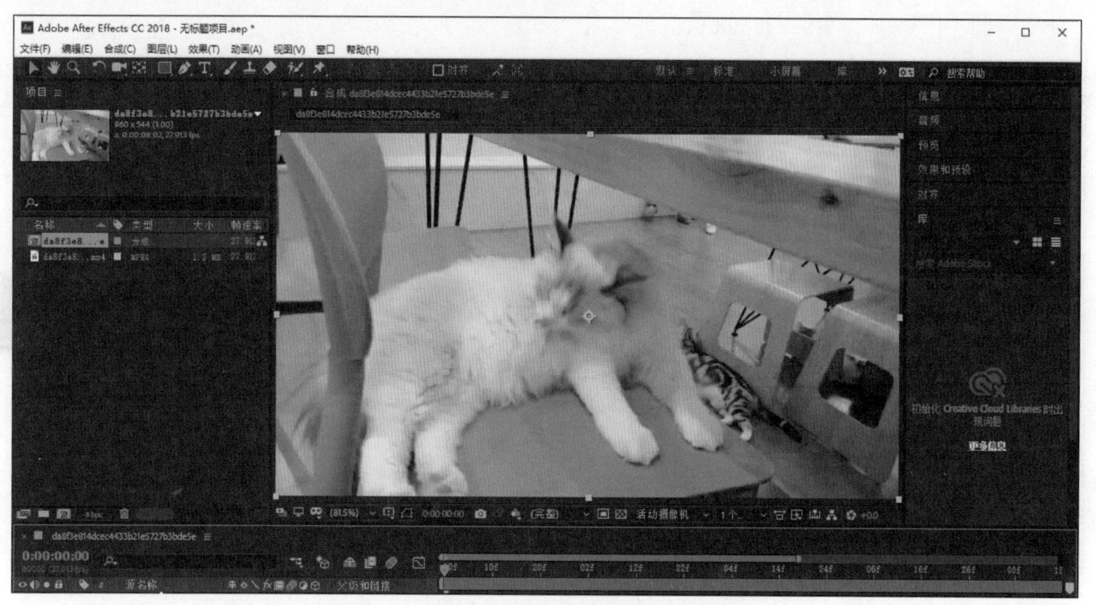

图1-7　使用After Effects剪辑视频的效果

- Axure RP。Axure RP简称“RP”，是一款专业的原型图设计工具，主要用于制作UI设计中用到的原型图、线框图和流程图。Axure RP适合从小型App界面到大型网页界面的原型图绘制，尤其是在绘制网页界面原型图上具有很大优势，深受UI设计人员、交互设计人员的喜爱。图1-8所示为使用Axure RP绘制原型图的效果。

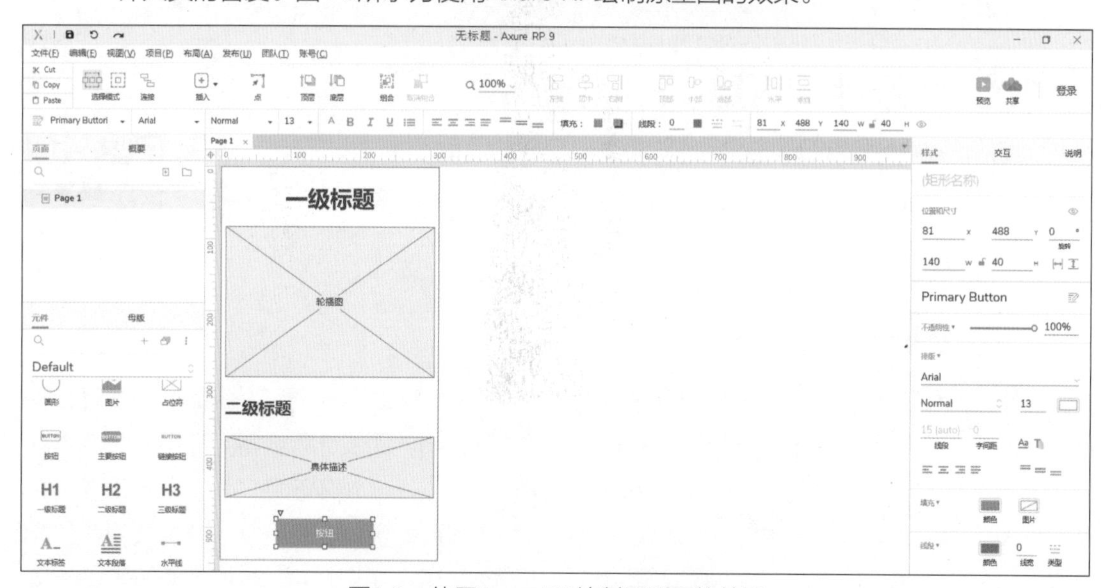

图1-8　使用Axure RP绘制原型图的效果

- 摹客。对于UI设计初学者来说，使用Axure RP绘制原型图需要投入较高的学习成本，而使用摹客进行原型图的绘制则更为简单易学。摹客是一款在线原型设计与协同工具，可以轻松定制设计和管理UI设计资源，从操作上来说相对简单、方便，可以在线进行交互原型设计、标注切图、文档管理等操作，在很大程度上提高了工作效率。图1-9所示为使用摹客绘制原型图的效果。

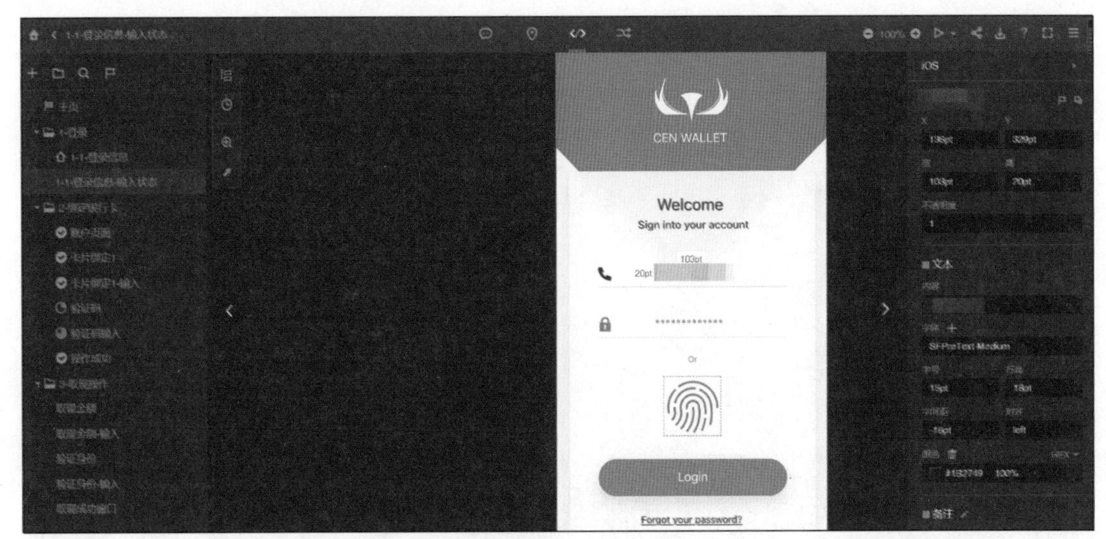

图1-9　使用摹客绘制原型图的效果

原型图的绘制除了使用Axure RP和摹客外，还有很多工具可供设计人员选择，如墨刀、Sketch等。

1.2　UI设计的运用

慕课视频

UI设计的运用

好的UI设计不仅能提升界面的浏览量，还能吸引用户持续浏览。因此，UI设计被广泛运用于各种界面中，如移动App界面、网页界面、游戏界面和应用软件界面，下面将分别对这几种界面设计进行介绍。

1.2.1　移动App界面设计

App是Application的简称，指安装在手机上的应用软件。随着移动互联网的快速发展，智能手机成为人们日常生活中重要的组成部分，因此移动App界面设计就显得尤为重要，其界面设计不但要美观、实用，而且还要带给用户好的操作体验。图1-10所示为“美团”App界面，从界面设计上来看，该App界面的主题色为黄色，各个界面的色彩非常统一，效果美观；从交互设计上来看，每个界面中都有导航超链接或按钮，能够帮助用户在App中的各个界面进行跳转，并能帮助用户更加了解和熟练使用该App。

图1-10 “美团”App界面

1.2.2 网页界面设计

网页界面设计不是对各种信息进行简单堆砌，而是运用各种设计手段和交互技术让网页内容更加丰富、美观、具有吸引力。网页界面设计的目的是引起用户浏览的欲望，让用户操作起来更方便、快捷，并更有效地接收网页所传达的信息。图1-11所示为“去哪儿网”官方网站首页界面，该界面中的各个板块中的图片都采用相同的尺寸与色调，同时文字的字体、颜色、大小、间距等内容也非常统一，保证了界面整体的和谐，加深了该网站在用户心中的印象。另外，统一的视觉效果让该网站中的导航结构非常清晰，便于用户在网站中查找信息。

图1-11　“去哪儿网”官方网站首页界面

1.2.3 游戏界面设计

近几年以来，随着游戏行业的迅速发展，游戏界面设计在游戏体验中所发挥的作用越来越重要。优秀的游戏界面设计不仅能够帮助用户快速学会游戏操作，还具有较强的表现力和感染力，让用户获得更好的操作体验。一般来说，游戏界面设计会更注重人体的感官体验和操作的实用性，如配乐、动效、画面和界面布局等。图1-12所示为“开心消消乐”游戏界面，该界面色彩艳丽，营造出了一种轻松、活跃的氛围，界面中的按钮和图标也非常形象，且大小合理、便于操作。

图1-12　“开心消消乐”游戏界面

1.2.4 应用软件界面设计

应用软件界面设计是指为了满足软件专业化和标准化的需求而对界面进行实用性和美观性的设计，主要包括软件启动界面设计、软件界面面板设计、软件安装过程中的界面设计，以及软件界面的滚动条、按钮和状态栏设计等。图1-13所示为“360安全卫士”的界面，该界面布局重点突出、层次分明，如界面中间为功能状态的显示区域，界面上方为主要功能按钮，界面右侧为常用工具按钮。另外，界面中的按钮图标也非常简单易懂，如“我的电脑”按钮的图标为计算机显示器，“电脑清理”按钮的图标为扫把等。整体来说，该应用软件的界面设计不但美观大方、简单有序，而且也便于用户操作。

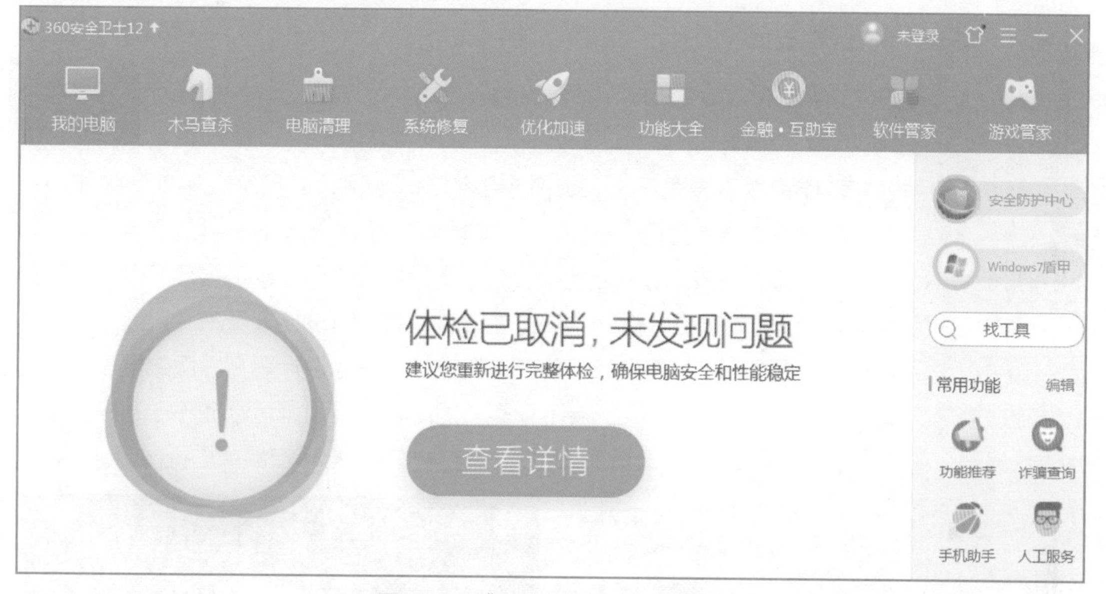

图1-13　“360安全卫士”的界面

1.3 UI设计的发展趋势

随着互联网5G新时代的到来，各种智能化产品层出不穷。作为用户与产品的沟通桥梁，UI设计也迎来了更加广阔的发展空间，出现了如人工智能产品界面设计、AR产品界面设计和VR产品界面设计等新方向，下面分别进行简单介绍。

慕课视频

UI设计的发展趋势

1.3.1 人工智能产品界面设计

人工智能是计算机科学的一个分支，一般是指通过普通计算机程序来呈现人类智能的技术。人工智能产品是指通过人工智能技术所制作出的产品，包括智能家居产品、智能导航产品、智能穿戴产品、智能游戏机等。这些智能产品为我们的生活带来了极大的便利，其界面展示也非常重要，是UI设计的重点发展方向之一。图1-14所示为智能导航产品的界面效果，图1-15所示为智能穿戴产品的界面效果。

图1-14　智能导航产品的界面效果

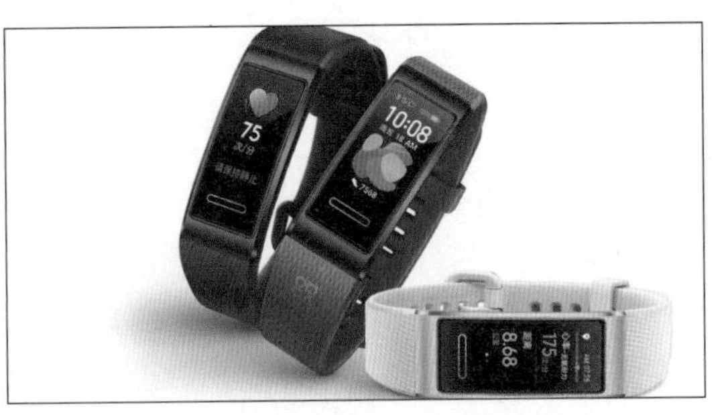

图1-15　智能穿戴产品的界面效果

1.3.2 AR产品界面设计

AR（Augmented Reality，增强现实）产品是指以AR技术为基础设计的现代化产品，能带给用户一种沉浸式的体验。随着人工智能以及大数据等科技产业的持续发展，AR技术将会极大地改变人们的生活、工作和学习方式，进入更多应用领域，如医疗、服饰、游戏、视频、教育、工业、家居、旅游等。AR产品界面设计即向用户展示虚拟界面和现实环境的交互关系，图1-16所示为AR虚拟试妆产品界面效果，其结合虚拟场景向用户生动而精确地展示产品的试用效果，将虚拟界面和现实环境完美融合，提升用户的体验感。对于UI设计人员来说，该产品的界面设计主要包括整体界面的排版和布局设计、功能按钮设计、图标设计等，界面效果和交互方式都比较精简、直观，给用户一种沉浸式的交互体验。同时，该界面既可以在移动端电子产品中进行展示，也可以在PC（Personal Computer，个人计算机）端电子产品中进行展示。

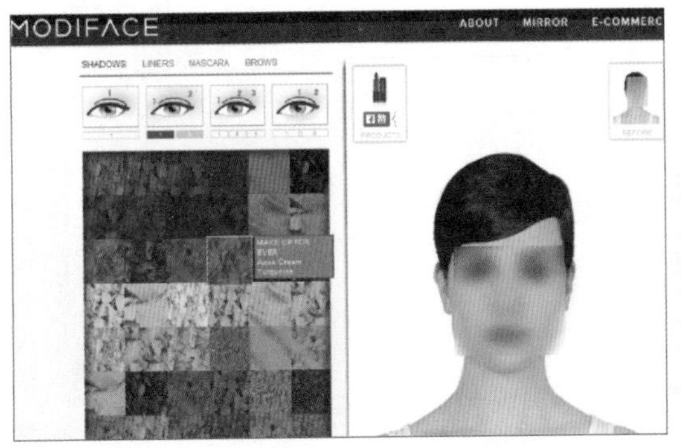

图1-16　AR虚拟试妆产品界面效果

1.3.3 VR产品界面设计

VR（Virtual Reality，虚拟现实）产品是指以VR技术为基础设计的现代化产品。我国VR行业经过近几年的发展，市场规模迅速增长，尤其是5G时代的来临，让VR迎来了新的发展阶段。随着VR产品的增多和技术的发展，其市场需求将不断扩大，这对于VR产品界面设计来说，也是一大利好因素。VR产品界面设计主要分为环境和交互元素两个部分，环境是指用户使用VR产品时所看到的虚拟场景，交互元素是指界面中用户可以进行交互操作的各种元素。对于UI设计人员来说，VR产品界面设计主要是将环境与交互元素进行有机结合，让用户能够沉浸在设计人员为其创造的虚拟场景中。图1-17所示为VR游戏产品界面效果，为了让用户更好地沉浸在游戏的氛围中，该界面采用了游戏应用中的场景设计，界面层级逻辑设计也比传统界面更加干净、简单、直观，没有多余的信息展示，不需要用户花费大量时间去寻找重要信息。简约的界面布局、少量的层级分布以及大图的展示设计更符合用户对VR产品界面的需求。

图1-17　VR游戏产品界面效果

1.4　UI设计的原则

慕课视频

UI设计的原则

好的UI设计不仅起着传播信息的作用，还能使用户从中获得视觉上的享受。为了使产品界面能带给用户更好的视觉效果，达到提升品牌形象、促进产品销售、传播价值理念等目的，UI设计人员需要遵循以下5个原则。

1.4.1 适用性

衡量一个UI设计是否成功，最主要是看该UI设计中的产品界面能否被用户接受，能否满足用户的使用习惯。适用性原则是UI设计的基本原则，主要包括以下两个方面。

1．功能的适用性

坚持全心全意为人民服务是党的根本宗旨，对于一个产品来说，也应该是要为人服务，坚持以用户为中心，因此产品功能的适用性是非常重要的。功能的适用性主要可分为两个方面，分别是实用功能的适用性和审美功能的适用性，二者相辅相成。实用功能的适用性是指产品界面的适用性，即尽量使用简洁的、用户熟悉的操作界面，让用户快捷、轻松地获取需要的信息，而不是一味地追求华丽、炫酷，而忽略了用户的日常习惯与功能需求；审美功能的适用性是指在满足实用功能的适用性的前提下提升产品界面带给用户的精神满足感。

2. 尺寸的适用性

UI设计主要是在软件产品界面中进行展示，很容易受到屏幕的尺寸限制，因此同一个软件会有不同尺寸的产品界面，设计人员在进行UI设计时需要注意尺寸的适用性。图1-18所示为不同尺寸产品界面的UI设计效果。

图1-18　不同尺寸产品界面的UI设计效果

1.4.2 规范性

每个产品界面都有着一套属于自己的设计规范，规范性原则可以减少时间消耗和沟通成本，让界面最终的呈现效果与预期效果一致，提高用户体验。同时，不同的系统也会有不同的规范，如iOS和Android操作系统的设计规范就会有所不同，其具体内容将在第3章进行详细的介绍。图1-19所示为摹客设计系统的示例规范库。

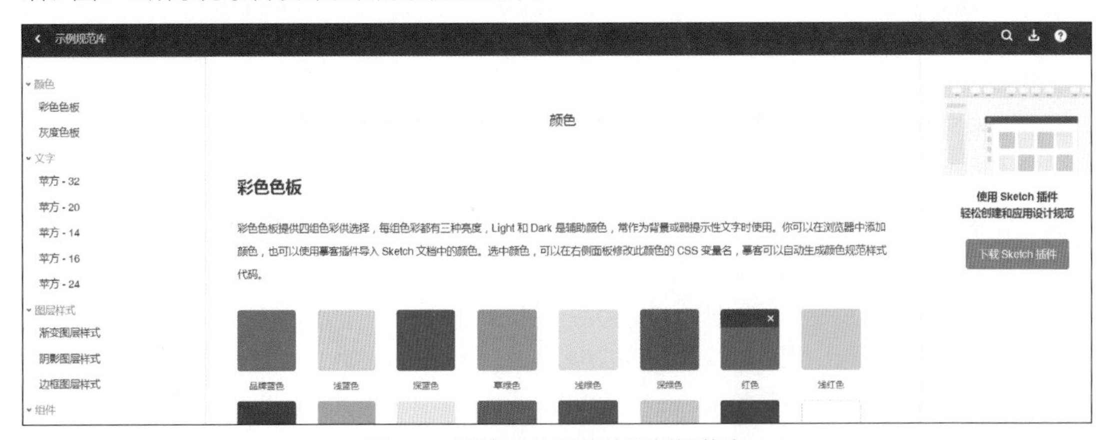

图1-19　摹客设计系统的示例规范库

1.4.3 易操作性

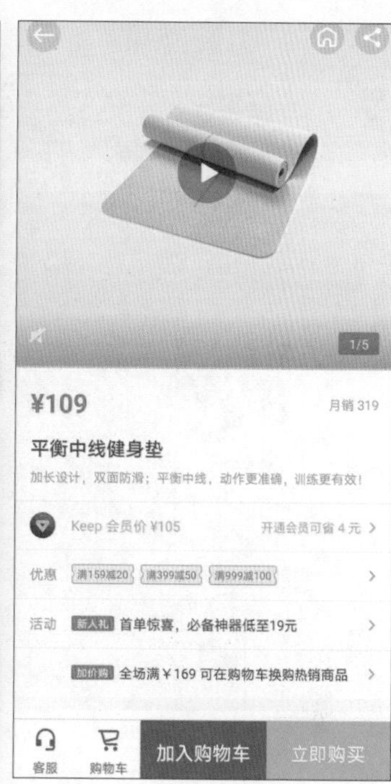

图1-20 “Keep”App的登录界面和产品购买界面

UI不同于其他的平面，用户会在UI中进行一定的交互操作，因此，UI应具有方便易用的特性，帮助用户了解和使用产品，为用户带来便利，也可增加用户对产品的操作信心，以减少使用产品的差错率。一般来说，UI设计的易操作性主要体现在进行交互操作的按钮上，按钮与按钮之间需要保持合适的距离，同时还要能够引导用户进行操作，让界面的操作更加简洁易懂。图1-20所示为“Keep”App的登录界面和产品购买界面，在登录界面中有多种登录方式，用户既可以选择常用的手机号登录，也可以选择微信、QQ等关联账号登录，给用户更多的选择，方便他们使用。产品购买界面中也有明确的提示按钮，如“加入购物车”“立即购买”等按钮，其可以引导用户直接进行操作，提高界面的可操作性。

1.4.4 统一性

通常来说，UI都不是单独的一个界面，它是由多个不同的界面组成的，因此，统一性是UI设计必须遵循的原则。统一性原则贯穿UI设计的全过程，如在进行整个UI设计时，界面中的版式、文字大小与间距、色彩、风格、布局等元素都要做到基本统一和协调；在对界面内容进行描述时，界面中的功能要与内容的描述保持一致，避免同一功能的描述使用多个不同的词汇。另外，设计人员在进行交互设计时，其交互行为也需要统一，如所有需要用户确认的对话框中都应有“确认”和“取消”两个按钮。统一性原则可以让整个界面看起来整齐有序，加深界面在用户心目中的印象。

图1-21所示为“开心消消乐”游戏App界面，从风格上来看，该App各个界面中的按钮、图标和文字等都统一采用了卡通风格；从色彩上来看，该App的整体色彩都比较艳丽、醒目；从文字上来看，每个单独界面中的文字字体样式和大小保持统一，如图中第二个界面中的“小伙伴们”文字与“风车币商店”文字；同时，界面的交互行为设计也都保持了统一性，如图1-21中第三个界面中所有的礼包购买操作都是一样的，用户点击不同的价格按钮即可购买。

图1-21　“开心消消乐”游戏App界面

1.4.5 层级性

一般而言，界面内容的层次感分明、交互逻辑清晰会给用户带来良好的印象，而没有层级性的界面会让用户找不到内容重点，对界面感到困惑和混乱，从而产生不好的体验。并且，强烈的视觉层次感也会让用户形成清晰的浏览次序。因此，UI设计的层级性非常重要，设计人员在进行UI设计时需要先对内容做整体的梳理，考虑信息之间的关联性，分清主次关系，然后按照一定的条理来进行展示。一般来说，设计人员可以从字体、色彩、图标等界面元素或用户浏览的习惯入手来突显界面内容的层级性。

图1-22所示为“联想”品牌的官方网站界面，从导航栏的文字字号与颜色来看，顶部第一排导航栏，如“商城”“企业购”等文字颜色较深，字号也比较大，因此为第一层级；顶部第二排导航栏，如“Lenovo电脑”“智能产品”等文字颜色比第一排导航栏的文字颜色要浅，字号也相对较小，因此为第二层级；顶部第三排导航栏，如“游戏本”“轻薄本”等文字颜色比第二排导航栏的文字颜色浅，因此为第三层级。从网站首页的Banner（横幅广告）图来看，该界面也遵循了层级性的UI设计原则。该图中产品名称的字号最大，能让用户第一时间看到图中的产品是什么，属于第一层级；图中第二层级为产品价格与购买按钮，其文字字号较大，并且色彩鲜艳、引人注目；图中第三层级为产品的售卖时间与产品特点，进一步加深用户对产品的了解程度。从浏览的习惯上来看，人的浏览习惯一般是先垂直、再横向，先左后右、从上到下，因此，本图中的导航栏是将主要分类信息放在上面，然后依次向下排列次要分类信息。

图1-22 “联想”品牌的官方网站界面

1.5 UI设计的流程

慕课视频
UI设计的流程

在进行UI设计时，设计人员需要先分析设计需求，然后根据需求明确视觉定位，再进行界面的原型图和效果图绘制，最后对完成的界面进行标注和切图，这样得到的界面效果才更符合企业需求。下面对UI设计的流程进行介绍。

1.5.1 分析设计需求

在UI设计开始之前，设计人员需要先分析设计需求，整理思路，然后才能有针对性地开展设计。分析设计需求可以从以下3个方面入手。

- 市场需求。市场需求包括市场背景、市场定位、现有产品数据、产品的运营与赢利方式等。
- 用户需求。产品最终是要为人服务的，因此用户需求的分析必不可少。用户需求分析可从两个方向出发，第一个是用户的显性需求，即用户的可视化特征，如用户的年龄、性别、职业、地域、兴趣爱好等；第二个是用户的隐性需求，即用户的内在特征，如用户的使用场景、用户对产品的需求、用户的情感等。
- 产品需求。产品需求是产品的组成部分，也是产品最终要达到的目的。在这一阶段设计人员需要确定产品的功能与内容，即产品中有哪些界面、每个界面中有哪些内容、哪些界面是重点设计部分、选择哪种产品系统等。在这一阶段，设计人员也可以将自己设计的产品与同类产品进行对比分析，以明确产品的需求与优势。

1.5.2 明确视觉定位

设计需求分析完成后，即可对UI设计的内容进行视觉定位，一般可从色彩与字体的选择、设计风格、界面布局和构图3个方面进行考虑。

- 色彩与字体的选择。界面中的色彩不仅会影响整个界面的效果，还会影响用户使用产品的情绪。一般来说，界面中的主题色彩应采用品牌色，因为品牌色已深入人心，可以加深产品在用户心中的印象。另外，界面中的字体选择也同样重要，字体可以直接影响界面风格，设计人员可根据产品属性和品牌特点选择合适的字体。
- 设计风格。不同的界面有不同的设计风格，UI设计的风格与产品属性是相辅相成的，设计人员可依据产品属性与需求来选择合适的设计风格，这样更有利于提升产品的视觉效果。
- 界面布局和构图。界面布局和构图是在有限的空间内，将界面元素按照产品的需求和风格进行排列组合。界面布局和构图是UI设计中不可或缺的一部分，决定了产品界面最终的视觉形象，对产品的品牌也有着重要的影响。

图1-23所示为“美团”App的启动页界面，图1-24所示为“京东”App的启动页界面。从色彩上来看，这两个界面的主题色彩都选择了品牌色，即美团的黄色和京东的红色；从设计风格上来看，这两个界面的风格都比较精简、直白；从界面布局和构图上来看，这两个界面都是将主要信息放置在中心位置处，保持了视觉上的平衡感。总体来说，这两个界面的视觉定位都非常清晰、准确，让用户一目了然。

图1-23 “美团”App的启动页界面

图1-24 “京东”App的启动页界面

1.5.3 绘制原型图

原型图是设计人员对产品的最初设想，主要是对产品内容和结构进行粗略的布局。明确视觉定位后，设计人员即可进行原型图的绘制。在绘制原型图前需要对产品界面的文案、图片、音效、交互、动效、视频等进行明确，确定每一个界面中的内容与布局，如果要求不高，也可以找一些相关的图进行替代，重点还是将想表达的思路阐述清楚。在原型图绘制过程中需要和后期程序员积极沟通，例如界面场景动效如何构思展示、技术上能否实现等，这样才能够确保后续工作顺利完成。常见的原型图绘制方式有计算机绘制和手绘两种，图1-25所示为两种不同类型的原型图效果。

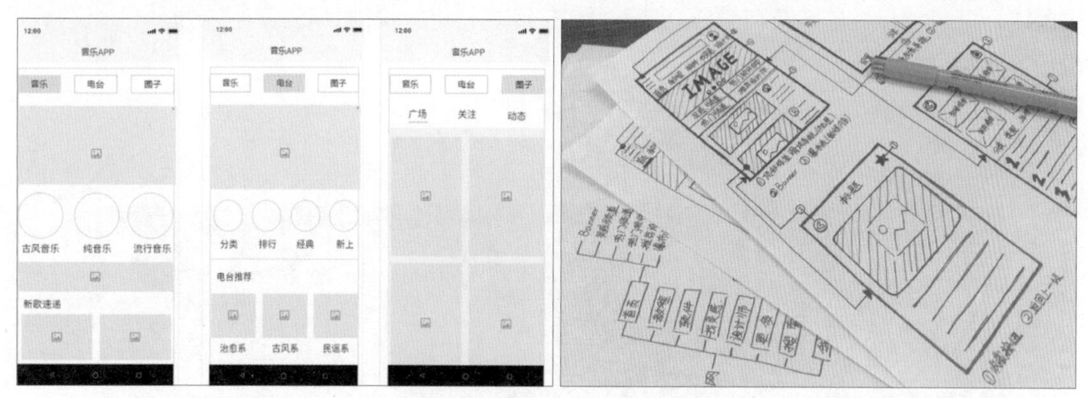

图1-25　两种不同类型的原型图效果

1.5.4 绘制效果图

完成原型图的绘制后，设计人员即可搜集需要使用的素材并进行UI设计。

1．搜集素材

素材搜集主要包括图片、视频和音效的搜集，以及文字类信息的搜集等，下面对不同素材的搜集方法进行介绍。

- 图片、视频和音效的搜集。在进行UI设计时，常会需要很多素材来包装产品界面，包括图片、视频和音效等多种形式。素材的搜集主要有3种方式，分别是网上搜集、实物拍摄和绘制。网上搜集指在互联网上通过素材网站，如千图网、花瓣网、Pexels Videos、QQ音乐、酷我音乐等，搜索需要的图片、视频和音效并进行下载。需要注意的是，网站中很多图片、视频和音效不能直接商用，设计人员需主动购买版权，增强法治观念。这些素材可用于不同的场景中，起到美化场景、提升界面效果的作用。实物拍摄也是搜集素材的常用方法，一般可在真实场景中进行拍摄，增强真实性，提高用户对产品的信任度，从而提升用户对企业的好感度。绘制是指设计人员使用Photoshop、Illustrator、After Effects等软件来绘制素材，最终将其运用到UI设计中。
- 文字类信息的搜集。这里的文字类信息主要是指产品内容的信息，包括产品中的图标名称、按钮名称、展示过程中的文字叙述等。文字类信息主要是根据产品的特性、功能来进行搜集，如需要做一款健身类的产品，可搜集有关健身的课程介绍、注意事项、器材介绍等信息，便于设计人员后期设计时使用，另外，这些内容可以根据具体场景进行编辑。在搜集信息的过程中，设计人员要兼顾信息的广泛性、准确性、及时性、系统性等，这样才能使搜集的信息更符合需求。

2. 进行UI设计

完成素材的搜集后，即可根据原型图与搜集的素材进行UI设计。UI设计多使用Photoshop来完成，设计人员可先根据原型图的要求绘制主要形状，再按照设计要求添加或绘制素材，进行界面的制作。在设计时要注意界面的适用性、规范性、易操作性、统一性和层级性，其具体操作方法将在第5章和第6章进行介绍。图1-26所示为使用Photoshop进行UI设计的效果。

图1-26　使用Photoshop进行UI设计的效果

1.5.5 标注与切图

界面的效果图绘制完成后，为了保证后期程序员在开发产品时能够准确、高效地还原界面，设计人员需要对设计出来的界面进行精确的尺寸标注与切图。合适、精准的标注与切图可以最大限度地还原设计图，起到事半功倍的效果。一般来说，设计人员都会使用一些专业的标注工具来提高工作效率，如MarkMan（马克鳗）、PxCook（像素大厨）等工具，而进行切图则可直接使用Photoshop。界面标注与切图的具体方法将在第7章进行介绍。图1-27所示为使用PxCook对设计图进行标注的效果。

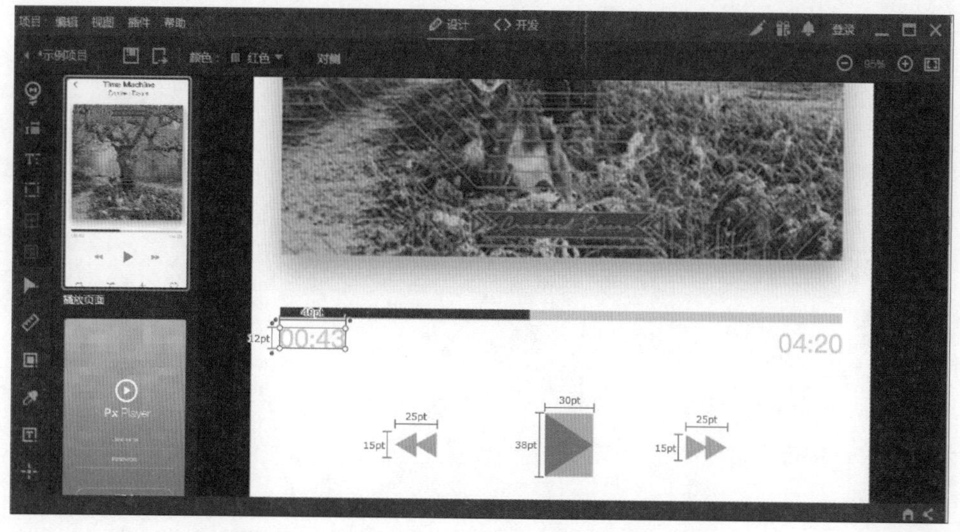

图1-27 使用PxCook对设计图进行标注的效果

 1.6 项目实训

经过前面的学习，我们对UI设计的基础知识已经有了一定的了解，接下来通过项目实训来巩固所学的知识。

项目一 ▸ 天气类应用软件界面的素材搜集与制作

项目目的

本项目需要先对天气类应用软件界面的素材进行搜集，然后对素材进行整合，再绘制装饰形状并输入文字内容，完成界面的设计。图1-28所示为天气类应用软件界面的效果。

图1-28 天气类应用软件界面的效果

制作思路

（1）搜集与自然天气和天气图标相关的素材（配套资源：\素材文件\第1章\天气界面素材.psd）。

（2）启动Photoshop CC 2019，新建大小为940像素×520像素的图像文件，先将符合背景需求的素材拖曳到图像中，调整大小和位置，然后在背景素材下方绘制颜色为“#053067”的矩形，并设置“不透明度”为“90%”。

（3）在打开的素材文件中拖曳天气图标素材到矩形中，先调整其大小，然后绘制白色的装饰线条，最后输入文字并绘制填充颜色为“#042248”的圆角矩形。

（4）在图像编辑区中的中间位置输入文字，然后设置图层样式，使整个效果更加美观，接着绘制圆角矩形和箭头形状，最后保存文件（配套资源：\效果文件\第1章\天气类应用软件界面.psd）。

项目二 ▸ 分析大型网络游戏界面的UI设计原则

项目目的

本项目将对图1-29所示的大型网络游戏界面进行赏析，目的主要是分析该界面的设计原则，该项目能够让我们更加了解UI设计。

图1-29　大型网络游戏界面

赏析思路

（1）该界面设计遵循了适用性原则。通过观察可发现导航栏在界面顶部，符合用户日常的操作习惯，体现了实用功能的适用性。另外，整个界面比较精致、华丽、炫酷，表现力非常强，在给予了用户视觉震撼和强烈立体感的同时，也满足了用户独特的审美需求，体现了审美功能的适用性。

（2）该界面设计遵循了统一性原则。从色彩上看整个界面均使用了低饱和度的配色，从文字、按钮、图片等元素上来看同一级别元素的色彩、大小均保持了统一，如“查看”按钮。

（3）该界面设计遵循了易操作性原则。该界面中每个板块都有相应的按钮，降低了用户使用产品的差错率，如“了解更多”“查看”按钮。

（4）该界面设计遵循了层级性原则。该界面的层级性原则主要表现在导航栏中，如“主页”导航栏与“首页”导航栏的字体大小明显不同，视觉层次感非常明显，让用户有了浏览的重点。

思考与练习

1. 列举经典的UI设计，并分析其优点。
2. 查找资料，思考UI设计还有哪些设计原则。
3. 查找资料，思考UI设计还有哪些新的应用领域。
4. 对图1-30所示的智能手表界面进行赏析，分析其UI设计的原则。

图1-30　智能手表界面

Chapter 2

第2章 UI设计要素

学习引导			
	知识目标	能力目标	情感目标
学习目标	1. 了解UI设计的基本元素——点、线、面 2. 了解UI设计中的色彩、字体和风格特点	1. 具备对App界面进行色彩和文字设计分析的能力 2. 具备设计网站登录界面的能力 3. 具备设计插画风格网站登录界面的能力	1. 培养赏析UI的能力 2. 提升美学修养
实训项目	1. 分析网站首页中的UI设计 2. 设计读书App启动页界面		

UI设计是为了更好地展示产品，让产品与用户之间的交流更加顺畅自然，提升用户体验，让用户对产品产生好感，从而达到营销目的。认识了UI设计后，设计人员即可应用UI设计要素进行设计。UI设计要素主要包括点、线、面、色彩、字体和风格等，本章将进行详细介绍。

2.1 点、线、面

慕课视频

点、线、面

设计人员在进行UI设计时，经常会利用一些设计元素来进行装饰，这样可以丰富界面的视觉效果，避免纯文字界面给用户带来呆板的视觉效果。点、线、面是UI设计中最基本的三大元素，三者结合使用，能够呈现丰富的视觉效果。

2.1.1 点

扩展图集

UI设计中点的应用

点是相对的，在当前画面中占据相对较小面积的元素称为点。点可以是文字、图形、色块等，元素为点的前提是画面中存在面积更大的元素。点是可见的最小的形式单元，具有凝聚视觉的作用，可以使界面布局显得合理舒适、灵动且富有冲击力。点没有一定的大小和形状，其表现形式丰富多样，既包含圆点、方点、三角点等有规则的点，又包含锯齿点、雨点、泥点、墨点等不规则的点。点既可以单独存在于画面之中，又可组合成线或者面。

大小、形态、位置、数量不同的点所产生的视觉效果、界面氛围和主题也有所不同。图2-1所示为“三只松鼠”官方网站首页界面，界面中的松鼠、鸟、气球等元素皆可看作点。这些散落的点构成了一幅生动的卡通画面，并在界面中间将网站的文字信息与松鼠主题形象突显出来，带给用户直观的视觉体验。

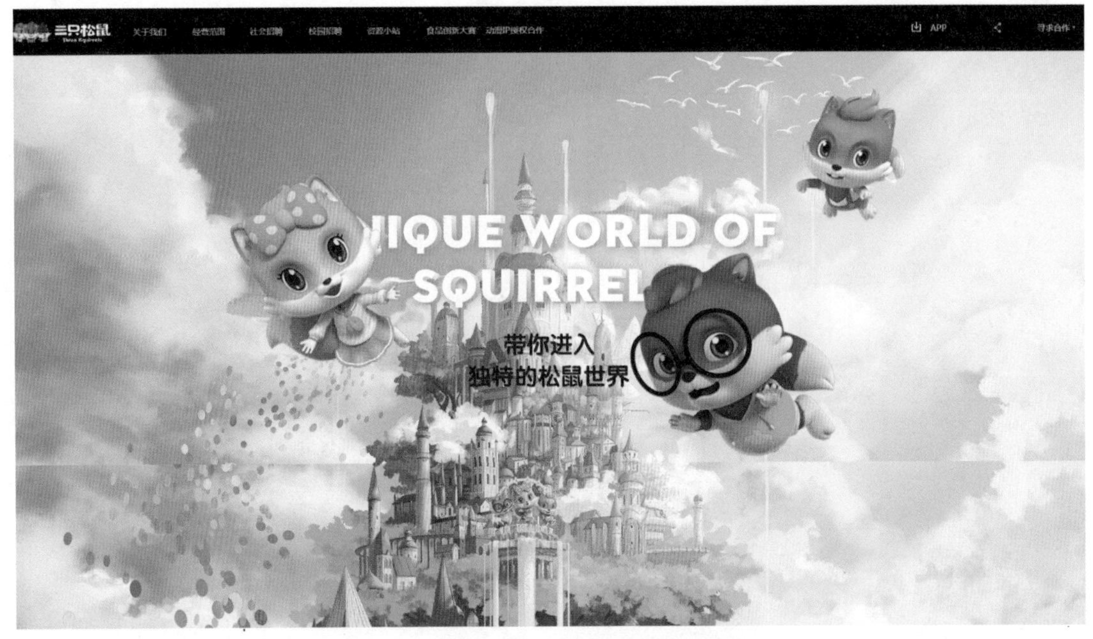

图2-1 “三只松鼠”官方网站首页界面

2.1.2 线

点与点之间的连接即为线，线是点移动的轨迹。线在UI设计的视觉形态中既可以表现长度和宽度，也可以表现位置、方向性和性格，具有优美和简洁的特点，经常用于渲染、引导、串联或分割界面。线主要分为水平线、垂直线、曲线、斜线。不同视觉形态的线所表达的情感不同，如水平线和垂直线表现为单纯、大气、明确、庄严；曲线表现为柔和流畅、优雅灵动，常用于一些表现柔和的UI设计中；斜线视觉冲击力强，可以表现快速、紧张和活力四射的感觉。图2-2所示为水平线和垂直线的运用，水平线和垂直线组合形成的线框能够起到聚焦视线的作用，让用户将目光集中在线框中的活动时间上。

扩展图集

UI设计中线的应用

除了可以聚焦视线外，线还有引导视线的作用，在UI设计中运用线元素可以让用户的视线不知不觉地跟随线的移动轨迹移动，从而了解界面中的信息。图2-3所示为某天气类网页手机端界面效果，天气的变

图2-2 水平线和垂直线的运用

化曲线增添了界面的灵动感，让界面更加简洁、一目了然，提升了用户的视觉体验，同时还具有引导用户视线的作用。

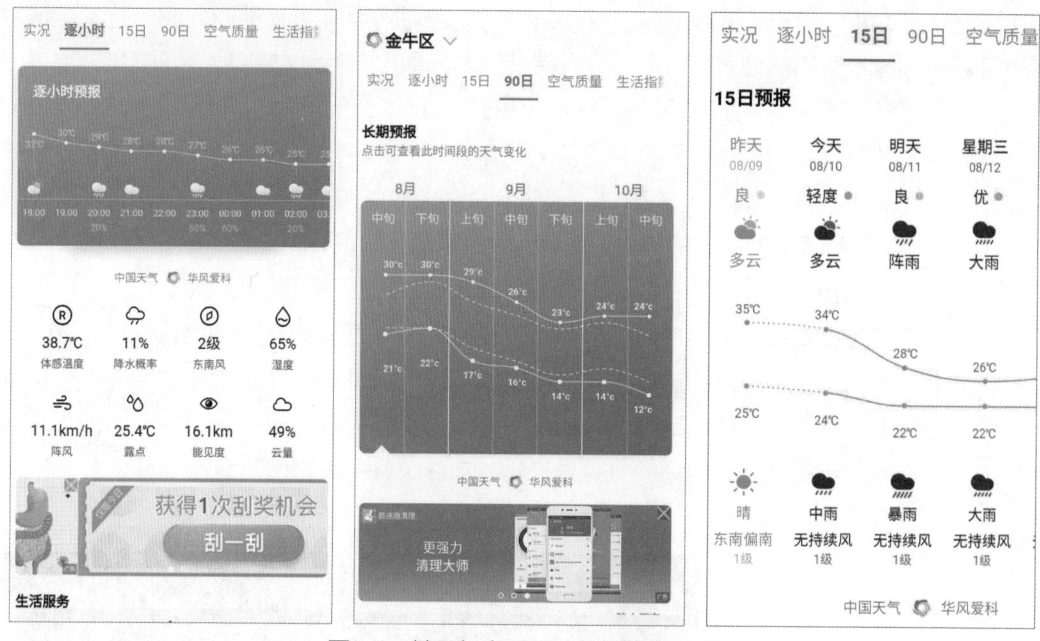

图2-3　某天气类网页手机端界面效果

2.1.3 面

放大的点即为面，通过线的分割所产生的各种比例的空间也可以称为面。面有长度、宽度、方向、位置、摆放角度等属性。面具有组合信息、分割画面、平衡和丰富空间层次、烘托与深化主题的作用。图2-4所示为被划分成9个面的某护肤品牌网站的首页界面。

图2-4　某护肤品牌网站的首页界面

在UI设计中，面的类型主要有几何形和自由形两种，下面将进行详细介绍。

- 几何形。几何形是指有规律的易于被人们所识别、理解和记忆的图形，包括圆形、矩形、三角形、棱形、多边形等，以及由线条组成的不规则的几何要素。不同的几何形能给人带来不同的感觉，如矩形能给人带来稳重、厚实与规矩的感觉；圆形不但能给人充实、柔和、圆满的感觉，而且有一种很好的视线聚焦作用；正三角形给人坚实、稳定的感觉；不规则几何形给人时尚、有活力的感觉。图2-5所示为某App分类页界面，整个界面被分割为多个规则的矩形，并通过其中的文字内容来展现信息；图2-6所示为某App启动页界面，界面中的三角形形状让整个画面具有设计感和稳定感。
- 自由形。自由形来源于自然或个人灵感，比较洒脱、随意，可以营造淳朴、生动的视觉效果。自由形可以是表达设计人员个人情感的各种手绘形状，也可以是由曲线形成的各种有机形状，还可以是自然形成的各种偶然形状。图2-7所示为某手机游戏App界面，界面主要通过一个手绘礼盒的形状来展现信息，整体视觉效果流畅、自然，具有美感和时尚感，画面生动。

扩展图集

UI设计中面的应用

图2-5　某App分类页界面

图2-6　某App启动页界面

图2-7　某手机游戏App界面

扩展图集

"抖音"App界面分析

2.1.4 分析案例——"网易云音乐"App播放页界面分析

本案例将对"网易云音乐"App播放页界面（见图2-8）的基本元素进行分析，主要分析点、线、面元素在界面中的运用，具体分析内容如下。

图2-8 播放页界面

（1）“网易云音乐”App播放页界面中的点主要体现在功能按钮上，如“收藏”“下载”“评论”等按钮，这些按钮在整个界面中所占面积较小，均匀地分布在界面下方，使App界面更加平衡，同时也方便用户操作。

（2）App播放页界面中的线主要体现在界面下方的进度条和界面中间的圆环装饰线上。水平线的进度条可以让用户更加直观地看到歌曲的播放进度，同时也便于拖动进度条对歌曲的播放进度进行调整；界面中间的圆环装饰线会随着歌曲的播放像水波一样由内向外放大，直至消失，有一种音乐的律动感，让界面更加符合该App的定位。

（3）App播放页界面中的面主要体现在界面中间的圆形图片上。该图片是整个界面中面积最大的一部分，为整个界面定下基调。当音乐播放时，图片会随音乐匀速旋转。

2.2 色彩

慕课视频

色彩

色彩会影响用户对界面的直观感受，美观的色彩能让界面看起来更加整洁、赏心悦目，也更具有吸引力。下面先讲解色彩的属性，然后讲解色彩的对比，再讲解主色、辅助色与点缀色，最后讲解UI设计中常见的色彩搭配。

2.2.1 色彩的属性

扩展图集

色彩的属性

色彩是人们通过眼、脑和自身的生活经验产生的一种对光的视觉效应，是用户对界面的第一感觉，能够充分体现界面的特点与风格。目前人们视觉所能感知的所有色彩现象都具有色相、明度和纯度（又称饱和度）3个重要属性，下面分别对其进行详细介绍。

1. 色相

色彩是由光的波长长短所决定的，而色相就是指这些不同波长的色彩情况。各种色彩中，红色是波长最长的色彩，紫色是波长最短的色彩，红、橙、黄、绿、蓝、紫和处在它们各自之间的红橙、黄橙、黄绿、蓝绿、蓝紫、红紫共计12种较鲜明的色彩组成了12色相环，如图2-9所示。设计人员可通过将色相环中的色彩进行搭配，制作出视觉效果丰富的广告。图2-10所示分别为以蓝色（左）和红色（右）为主要色相的App界面效果。

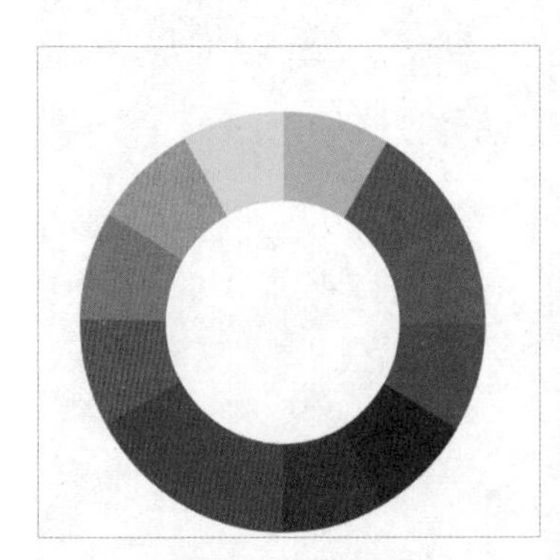

图2-9　12色相环

图2-10　以蓝色（左）和红色（右）为主要色相的App界面效果

2. 明度

明度是指色彩的明亮程度，即有色物体由于反射光量的多少而产生颜色的明暗强弱。通俗地讲，在红色里添加的白色越多则越明亮，添加的黑色越多则越暗。色彩的明度会影响眼睛对色彩轻重的判断，如看到同样的物体，黑色或者暗色系的物体会使人感觉偏重，也就是说该色彩的明度较低；白色或者亮色系的物体会使人感觉较轻，也就是说该色彩的明度较高。明度高的色彩易使人联想到蓝天、白云、彩霞、棉花、羊毛及花卉等，产生轻柔、飘浮、上升、敏捷、灵活的感觉；而明度低的色彩易使人联想到钢铁、大理石等物品，产生沉重、稳定、降落的感觉。图2-11所示为高明度的界面，图2-12所示为低明度的界面。

3. 纯度

色彩的纯度是指色彩的纯净度或者鲜艳程度。同一色相中，色彩纯度的变化会给人不同的视觉感受，高纯度的色彩会给人一种鲜艳、视觉冲击力强的感觉；而低纯度的色彩会给人一种静谧、优雅、舒适的感觉。色彩纯度的高低取决于该色中含色成分和消色成分（灰色）的比例。含色成分越高，纯度越高；消色成分越高，纯度越低。为了让界面的视觉效果更加突出，设计人员在进行UI设计时可以将高纯度色彩与低纯度色彩搭配使用，给用户带来和谐的视觉画面感，且方便用户快速找到视觉重点。一般来说，设计人员可在高纯度色彩的界面中加入低纯度的色彩进行调和，或直接将亮丽的高纯度色彩用于按钮、图标等小面积的元素中。图2-13所示的界面中黄色和蓝色纯度较高。图2-14所示的界面中大部分区域为低纯度的绿色，在其中搭配纯度较高的红色、黄色和白色，可以让画面更加和谐，重点更加突出。

图2-11 高明度的界面

图2-12 低明度的界面

图2-13 高纯度的界面

图2-14 低纯度的界面

2.2.2 色彩的对比

按照色彩的3个属性进行划分，可将色彩的对比方式分为色相对比、明度对比、纯度对比3种，下面将分别进行介绍。

扩展图集
色彩的对比

- 色相对比。色相对比是指利用色相的差别形成对比。界面的主色确定后，需先考虑其他颜色与主色是否具有相关性，如何增强界面的表现力等问题。图2-15所示的界面利用蓝色和黄色的对比，不仅突显了界面中的文字信息，还增强了界面的视觉效果。
- 明度对比。明度对比是利用色彩的明暗程度形成对比。恰当的明度对比有利于增加界面的层次感。通常情况下，明度对比较强可以使画面清晰、明快，常用于食品类、护肤品产品界面中；而当明度对比较弱时，画面会显得低调、深沉，常用于运动和科技类产品界面中。图2-16所示的界面即运用了明度对比，通过不同明度的绿色进行对比搭配，整个画面色彩明快、画面清晰、重点突出。
- 纯度对比。纯度对比是利用色彩纯度的强弱形成对比。色彩纯度较弱的对比画面视觉效果也较弱，适合长时间观看；色彩纯度较强的对比会使画面鲜艳明朗、富有生机。不同的色彩纯度对比可以使广告的效果更加和谐、丰富，突显画面的层次感。图2-17所示的界面即运用了色彩的纯度对比，通过不同纯度的紫色和红色进行对比搭配，整个画面色彩过渡和谐、整体风格统一。

高手点拨

除了按照色彩的3个属性进行划分外，色彩的对比方式还可以按照色彩的面积比例、透明度、空间效果、形态等进行划分。

图2-15　色彩对比界面　　图2-16　明度对比界面　　图2-17　纯度对比界面

2.2.3 主色、辅助色与点缀色

UI设计中色彩是影响界面风格最直接和最重要的一个因素。一般来说，界面中的色彩主要由主色、辅助色、点缀色组成。其中主色确定界面风格，辅助色衬托主色并补充说明，点缀色强调界面的细节和重点。设计人员可针对产品的界面风格和定位选择合适的色彩进行搭配，下面将分别进行介绍。

- 主色。主色是界面中占用面积最大，也是最受瞩目的色彩，它决定了整个画面的风格。主色不宜过多，一般可控制在1～3种，过多容易造成用户视觉疲劳。统一的主色能加强用户对界面的记忆程度、统一界面的整体风格，在UI设计中，设计人员通常会将品牌Logo的颜色作为主色。
- 辅助色。辅助色在界面中的占用面积略小于主色，是用于烘托主色的色彩。合理应用辅助色能丰富画面的色彩，使画面效果更美观、更有吸引力，设计人员在具体的设计过程中可根据主色选择辅助色，以平衡界面的视觉效果。
- 点缀色。点缀色是指界面中占用面积小、色彩比较醒目的一种或多种色彩。合理应用点缀色可以起到画龙点睛的作用，使画面主次更加分明且富有变化，使之成为整个界面的焦点。

一般来说，界面中的主色、辅助色和点缀色的分布都有一定的规律，其黄金比例为“70：25：5”，即主色占界面总面积的70%，辅助色占界面总面积的25%，而其他点缀色占

扩展图集

主色、辅色、点缀色搭配案例

界面总面积的5%。图2-18所示为“智联招聘”官方网站登录界面，该界面中的主色为渐变的蓝色，不同明度的蓝色背景让界面层次更加丰富；辅助色为白色，大面积的蓝色背景会让用户感到视觉疲劳，使用明度较高的白色在界面四周进行辅助可以让用户的视觉疲劳得以缓解，同时界面右侧的登录框也为白色，与蓝色的主色调相配合，能让用户快速找到主要信息；点缀色为黄色和深蓝色，不仅为界面增添了丰富的视觉效果，还起到了引导用户视线的作用，突出了品牌标语“上智联 你更值”“求职者 注册/登录”按钮等内容。

图2-18 “智联招聘”官方网站登录界面

2.2.4 UI设计中常见的色彩搭配

色彩搭配并不是随心所欲的，而是需要遵循一定的规则。下面将介绍UI设计中常见的色彩搭配，包括冷暖色搭配、邻近色搭配、对比色搭配和中间色搭配。

1. 冷暖色搭配

冷暖色是指色彩心理上的冷暖感觉，而色彩的冷暖感觉是人们在生活体验中由联想形成的。如暖色（红、橙、黄、棕）一般会让人联想到火焰、太阳等事物，因而会给人一种温暖、阳光和活力的感觉；而冷色（绿、青、蓝、紫）一般会让人联想到冰雪、蓝天等事物，因而会给人一种冰冷、开阔和静谧的感觉。冷暖色搭配可使界面更加有层次感，也能表现不同的意境和情绪。图2-19所示的界面中的红色和蓝色就属于冷暖色搭配，通过这种搭配，整个界面灵动而醒目，用户的视觉焦点也自然而然地集中到了文字内容上。

2. 邻近色搭配

邻近色指在色环上相邻的两种不同的颜色，如红色和橙色、紫色和红色等都属于邻近色，邻近色搭配可以让整个界面的色彩氛围变得舒适、平稳、和谐。图2-20所示的界面中的紫色和红色属于邻近色，两者的搭配让整个界面的主体内容更加明确，而且色彩氛围也更加动感活泼。

3. 对比色搭配

对比色指在12色环中夹角为120°～180°的两种颜色，如蓝色和红色、绿色和蓝色等，对比色搭配可以使整个界面色彩氛围更加鲜明，给用户留下深刻的印象。图2-21所示的界面中的绿色和蓝色属于对比色，两者的搭配不但使主体内容更加鲜明，而且使色彩氛围更加和谐、美观。

4. 中间色搭配

中间色多指黑色、白色和灰色，黑白灰的搭配不但可以使界面效果显得简洁、美观，而且可以使整个色彩氛围更具有时尚感。图2-22所示的"Keep"App界面即运用了白色和灰色的色彩搭配，整个界面不但简洁，具有时尚感，而且突出了品牌形象。

图2-19　冷暖色搭配

图2-20　邻近色搭配

图2-21　对比色搭配

图2-22　中间色搭配

2.2.5　分析案例——对"普通话学习"App界面进行色彩分析

本案例将对图2-23所示的"普通话学习"App界面进行色彩分析，主要分析界面中色彩的对比，界面中的主色、辅助色与点缀色，以及色彩的搭配方式，具体分析如下。

（1）"普通话学习"App界面中运用了色彩的明度对比，界面中使用了明度较高的白色与明度相对较低的绿色进行对比，画面清新、明亮，也便于用户操作。

（2）"普通话学习"App界面主要由3种颜色组成。其中绿色为主色，使用深浅不一的绿色使整个界面的色调更加统一、美观，同时也给人一种干净、简洁的感觉，更能契合学习类App实用的定位；白色为辅助色，点明App的主题内容；而黄色则是点缀色，起到美化界面、活跃气氛的作用。

（3）"普通话学习"App界面主要采用了冷暖色调的搭配，绿色为冷色，黄色为暖色，这种搭配使整个界面的色彩不会显得单调、沉闷，让用户在视觉上有一种平衡感。

图2-23　“普通话学习”App界面

2.3 字体

慕课视频

字体

字体是设计人员比较容易忽略但又非常重要的设计元素，好的字体可以让界面显得更加协调、美观。下面将对UI设计常用字体类型、UI设计字体规范，以及UI设计中的字体排版等知识进行简单介绍。

2.3.1 UI设计常用字体类型

字体是UI设计中不可或缺的一部分，是决定设计效果的关键。不同的字体在界面中渲染的氛围也不同，正确地选择和使用字体不但能美化界面效果，还能使信息的展现更加直观，吸引用户继续浏览。UI设计常用字体类型有以下6种。

- 黑体。黑体又称方体或等线体，没有衬线装饰，字形端庄，笔画横平竖直，笔迹粗细几乎完全一致。黑体商业气息浓厚，其“粗”的特点能够满足用户对文案字体“大”的要求，常给人阳刚、有气势、端正等感觉。常用黑体有方正黑体简体、方正大黑简体等，图2-24所示的“新版播放页”文字即为黑体。
- 宋体。宋体是比较传统的字体，其字形较方正、纤细，结构严谨，笔画横平竖直，末尾有装饰。宋体整体给人一种秀气端庄的感觉，在保持极强笔画韵律性的同时，能够给用户带来一种舒适、醒目的感觉。宋体类的字体有很多，如华文系列宋体、方正雅宋系列宋体、汉仪系列宋体等，图2-25所示的“融智”文字即为宋体。

- 楷体。楷体是从隶书演变而来的，是现行的汉字手写正体字之一，其笔画具有起收有序、笔笔分明、坚实有力的特点，又有停而不断、直而不僵、弯而不弱、流畅自然的特点。
- 手写体。手写体是一种使用硬笔或者软笔纯手工写出的文字，这种手写体文字大小不一、形态各异，更具有美观性，如方正静蕾简体、叶根友字体、Kensington、Connoisseurs Typeface等。图2-26所示的“跨服爽战对决”文字即为手写体。

图2-24　黑体

图2-25　宋体

图2-26　手写体

- 书法体。书法体指具有书法风格的字体，主要包括隶书、行书、草书、篆书和楷书等。书法体具有较强的文化底蕴，字形自由多变、顿挫有力，力量中掺杂着文化气息，常用于表现古典文化等。图2-27所示的“五行诀”“剑侠情缘”等文字即为书法体。

图2-27　书法体

- 艺术体。艺术体指一些非常规的特殊字体，一般用于美化版面。其笔画和结构大都进行了一些艺术化处理，常用于商品海报或模板的标题部分，以提升艺术品位。常用的艺术体包括娃娃体、新蒂小丸子体、金梅体、汉鼎、文鼎等，如图2-28所示。

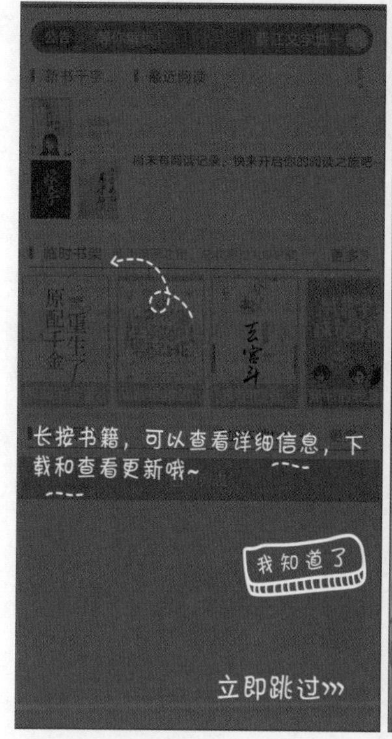

图2-28　艺术体

2.3.2 UI设计字体规范

字体规范是指字号、字体类型、字体颜色等在界面中的使用方式、使用位置等标准，以保证整个界面字体的统一性。字体规范的确立可以让界面层级更加清晰，界面功能性操作更加明确。

1. 系统默认字体规范

很多界面都是调用系统的默认字体，因此设计人员需要了解系统默认的字体有哪些规范，从而获得更好的视觉效果，提高用户体验。

扩展图集

系统默认字体效果预览

- iOS的默认字体规范。iOS 9以后的版本中文的默认字体为“苹方”，英文的默认字体为“San Francisco”，两种字体的字形纤细饱满，便于阅读。
- Android操作系统的默认字体规范。Android操作系统中文的默认字体为“思源黑体”，英文的默认字体为“Roboto”，两种字体的字形线条粗细适中、端正大方。

2. 常用的字号规范

由于各个App都是由多个界面组成，因此字号的统一性非常重要，是UI设计的基本标准。

下面对常用的字号规范进行简单介绍。

- App界面的常用字号。一般来说，App界面中的导航栏字号和标题字号为36px～40px，正文字号为32px～34px，副文字号为24px～28px，最小字号不低于20px。因App的类型不同，其字号的选择也会有所差别，设计人员可根据App的具体设计需求进行合理选择。图2-29所示为“今日头条”App界面的字号，因为阅读类的App会更注重文本的易读性，所以其整体字号会偏大。图2-30所示为“微信”App界面的字号。

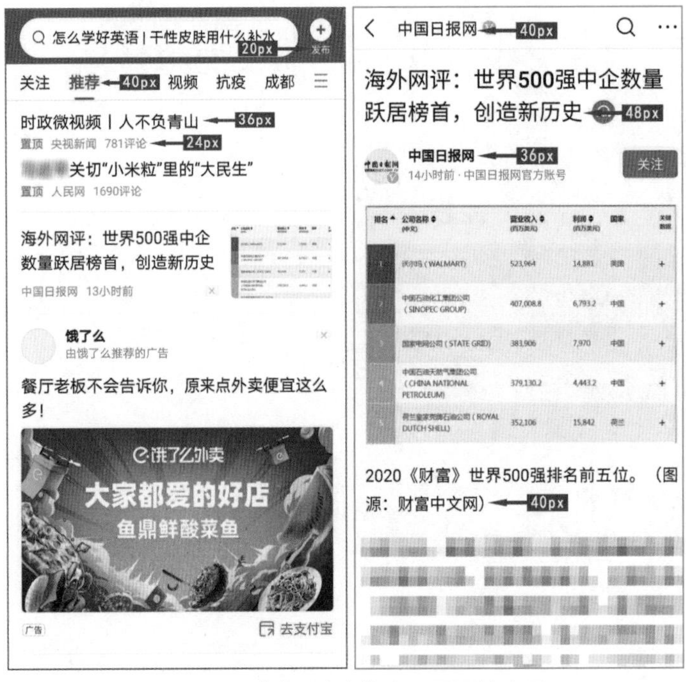

图2-29　“今日头条”App界面的字号

图2-30　“微信”App界面的字号

- 网页界面的常用字号。字体是网页界面设计的灵魂，而字号也能够对网页界面产生较大的影响，其作用不可小觑。网页界面中的字号并没有明确规定，常用的字号为12px～30px。

注意，设计人员在选用字号的时候要尽量选择偶数的字号，便于后期在开发界面时进行字号换算。

3. 常用的字体色彩规范

UI设计中的字体规范除了大小规范外，还有色彩规范。一般来说，界面中的色彩种类不宜过多，可先选择一种主色，然后在主色基础上进行色彩的透明度变换，如图2-31所示。

图2-31　色彩透明度的变换

2.3.3 UI设计中的字体排版

扩展图集

UI设计中的字体排版案例

无论是网页界面设计还是App界面设计，文字在界面中所占比例都较大。因此掌握UI设计中的字体排版对设计人员来说非常关键，不同的字体排版可以给界面带来意想不到的效果。下面将对UI设计中常用的字体排版方法进行详细介绍。

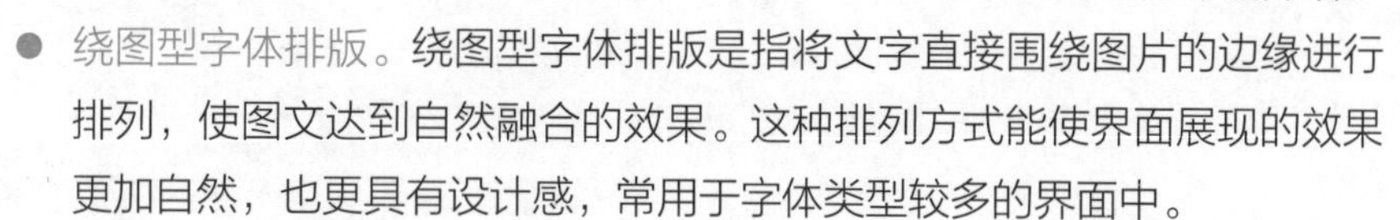

- 绕图型字体排版。绕图型字体排版是指将文字直接围绕图片的边缘进行排列，使图文达到自然融合的效果。这种排列方式能使界面展现的效果更加自然，也更具有设计感，常用于字体类型较多的界面中。
- 齐头齐尾型字体排版。齐头齐尾型字体排版是指让字体在界面的两端进行对齐，给人一种理性、大方的美感，多用于文字较多的界面。图2-32所示的界面中的文字即采用了齐头齐尾型字体排版方式，更易于用户阅读。
- 齐头散尾型字体排版。齐头散尾型字体排版相对于齐头齐尾型字体排版来说更加自由、灵活，在整齐的版面中更有韵律感，且松弛有度。常见的齐头散尾型排版主要有左对齐、右对齐等形式，其中左对齐形式的文字易读性较高，常用于展示列表信息页界面。图2-33所示的界面中的文字即采用了左对齐的齐头散尾型字体排版方式，界面中添加了大量留白，给人一种舒畅、高品质的感觉。
- 自由型字体排版。自由型字体排版是指没有任何规律的字体排版方式，设计人员可根据界面的实际需求，自由地对文字进行排版、组合。使用这种排版方式时需要注意图片、图标等其他装饰性元素的形态，要让文字与图片、图标等元素相互配合、相互呼应，这样才能让界面在充满活力的同时还具有整体感。图2-34所示的界面采用了自由型字体排版，界面中的文字与圆形装饰图形相互配合，再加上随意调整的文字大小、色彩等，给用户营造了一种轻松、活泼和自由的氛围。

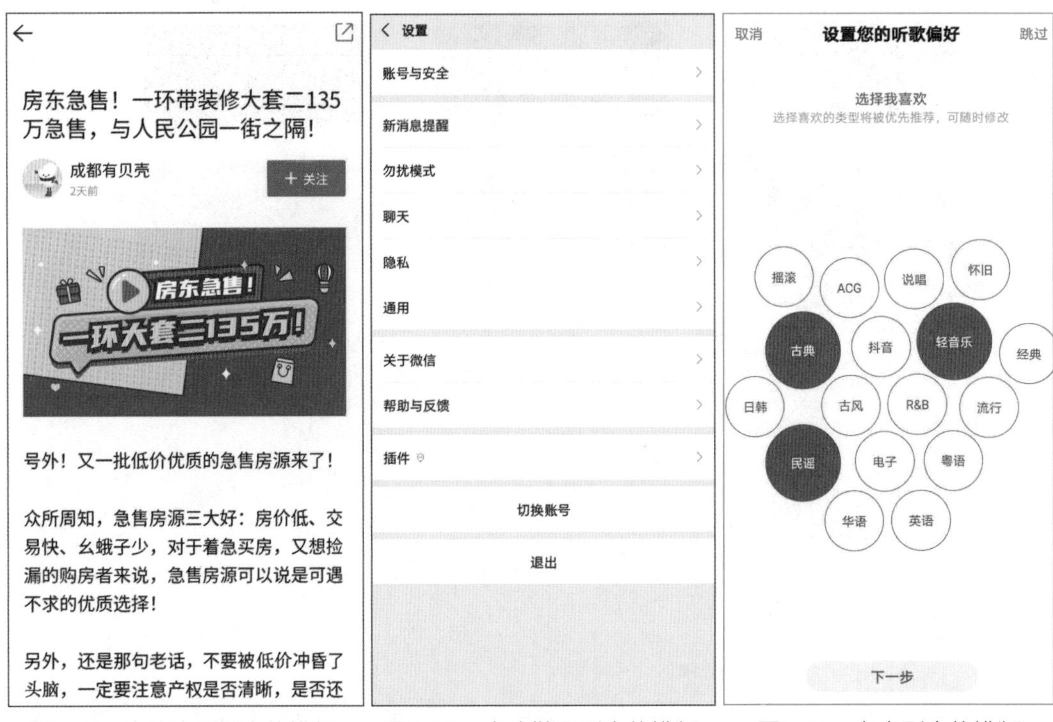

图2-32　齐头齐尾型字体排版　　图2-33　齐头散尾型字体排版　　图2-34　自由型字体排版

UI设计中的字体设计不仅是信息传播的主要途径，还是塑造界面风格的主要方式，设计人员在字体设计过程中需要注意以下4点。

（1）字体样式不能过多，否则界面会显得杂乱无章。一般来说，同一个产品界面中的字体最好是选择同一系列的字体样式，且最好不要超过3种。重点和非重点的文字可以通过字体的大小、色彩等进行区分。

（2）字体与界面整体的设计氛围要融合。

（3）要注意区分字体颜色与界面背景颜色。

（4）最好使用容易识别的字体，使内容更加清晰、易读。

2.3.4 设计案例——小游戏App界面中的文字设计

本案例将设计小游戏App界面中的文字，其具体操作如下。

（1）启动Photoshop CC 2019，新建大小为750像素×1334像素、分辨率为72像素/英寸、名称为“小游戏App界面”的图像文件。

慕课视频
设计案例——小游戏App界面中的文字设计

（2）打开“小游戏背景.jpg”素材文件（配套资源：\素材文件\第2章\小游戏背景.jpg），将其拖曳到图像中，调整大小与位置，如图2-35所示。

（3）在工具箱中选择“横排文字工具”T，在工具属性栏中设置字体为“方正大黑简体”、文本颜色为“#FFFFFF”、字号为“128点”，然后在顶部输入“限时好礼”文字，如图2-36所示。

（4）选择“限时好礼”图层，按【Ctrl+J】组合键复制图层，并将底部“限时好礼”图层的文本颜色修改为“#984915”，然后将图层位置与上方图层错开，形成投影效果，效果如图2-37所示。

图2-35　添加素材

图2-36　输入文字

图2-37　形成投影效果

（5）在“图层”面板中选择两个“限时好礼”图层，单击“链接图层”按钮链接选择的两个图层。

（6）在工具箱中选择“横排文字工具”T，在工具属性栏中设置字体为“方正剪纸简体”、文本颜色为“#FFDB28”、字号为“172点”，在“限时好礼”文字下方输入“智勇冲关”文字，如图2-38所示。

（7）选择“智勇冲关”图层，按【Ctrl+J】组合键复制图层，并将底部“智勇冲关”图层的文本颜色修改为“#D56B13”，然后将图层位置与上方图层错开，形成投影效果。

（8）双击上层的“智勇冲关”图层，打开“图层样式”对话框，选中“斜面和浮雕”复选框，设置“深度”“大小”“软化”“高度”“高光不透明度”“阴影色彩”“阴影不透明度”分别为“84%”“10像素”“0像素”“30度”“50%”“#FFDE27”“50%”，单击“确定”按钮，如图2-39所示。

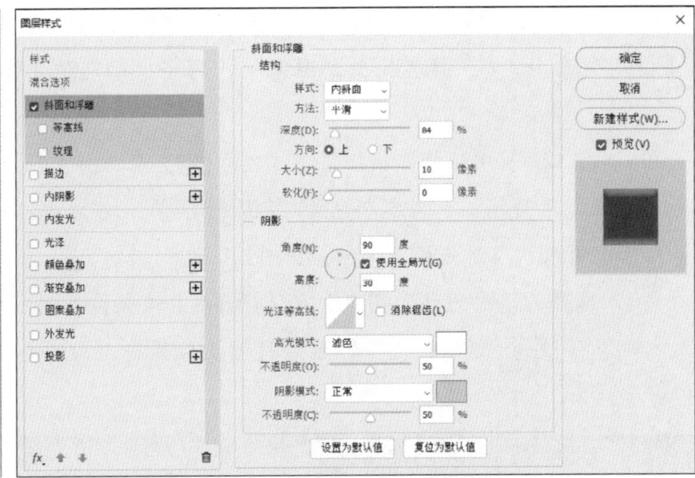

图2-38　输入文字　　图2-39　设置“斜面和浮雕”参数

（9）选择两个“智勇冲关”图层，选择“图层”/“图层编组”命令，将这两个图层合为一个图层组。

（10）双击“智勇冲关”图层组，打开“图层样式”对话框，选中“描边”复选框，设置“大小”“颜色”分别为“7像素”“#984915”，在“位置”下拉列表框中选择“外部”选项，单击“确定”按钮，如图2-40所示。

（11）选择“智勇冲关”图层组，选择“图层”/“栅格化”/“图层样式”命令。

（12）按住【Ctrl】键，在“图层”面板中单击栅格化后的“智勇冲关”图层组的图层缩览图，此时可看到文字已被选区选中，如图2-41所示。

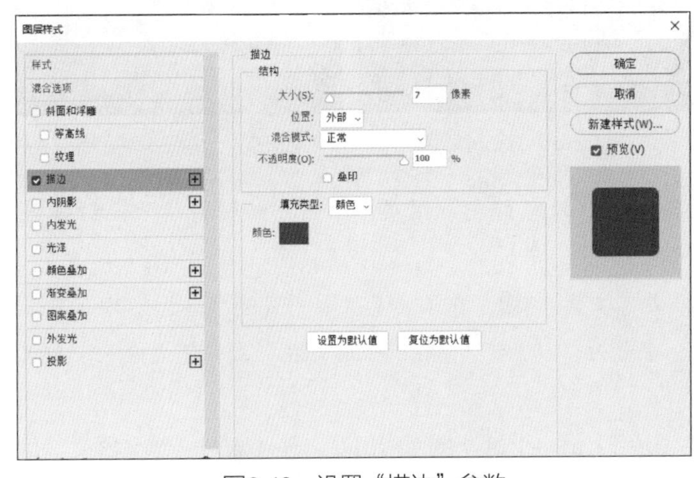

图2-40　设置“描边”参数　　图2-41　选择文字

（13）选择“编辑”/“描边”命令，打开“描边”对话框，设置描边宽度为“9像素”、描边颜色为“#FFFFFF”，单击“确定”按钮，如图2-42所示。

（14）打开“按钮.psd”素材文件（配套资源：\素材文件\第2章\按钮.psd），将其拖曳到“智勇冲关”文字下方，调整大小与位置，如图2-43所示。

（15）在工具箱中选择“横排文字工具” T，在工具属性栏中设置字体为“Adobe 黑体 Std”、文本颜色为“#FFFFFF”，在图像窗口中输入图2-44所示的文字，然后调整其大小与位置。

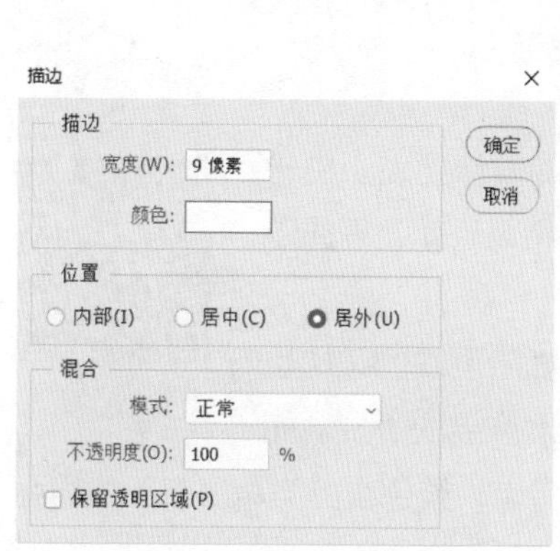

图2-42　设置“描边”参数

图2-43　添加素材

图2-44　输入文字

（16）双击“开始游戏”图层，打开“图层样式”对话框，选中“描边”复选框，设置“大小”“颜色”分别为“5像素”“#984915”，在“位置”下拉列表框中选择“外部”选项，单击“确定”按钮，如图2-45所示。

（17）在“开始游戏”图层上单击鼠标右键，在弹出的快捷菜单中选择“拷贝图层样式”命令，然后分别在“游戏商城”“排行榜”“退出游戏”3个图层上单击鼠标右键，在弹出的快捷菜单中选择“粘贴图层样式”命令。完成后按【Ctrl+S】组合键保存图像文件，完成后的效果如图2-46所示（配套资源：\效果文件\第2章\小游戏App界面.psd）。

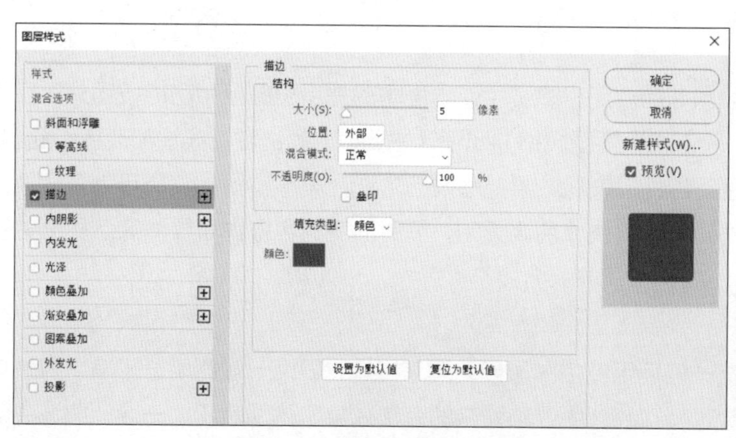

图2-45　设置“描边”参数

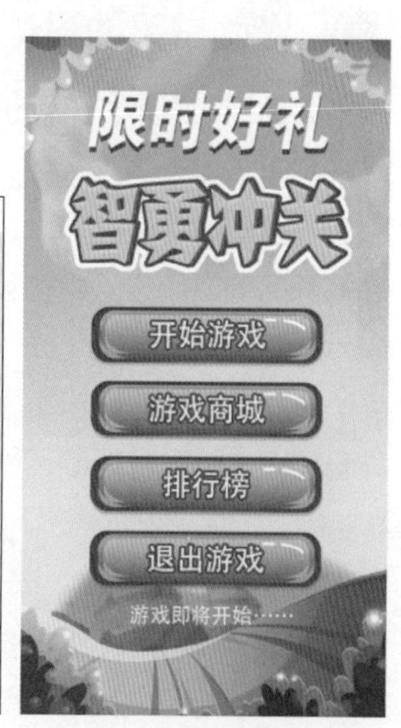

图2-46　最终效果

2.4 风格

慕课视频

风格

风格是一种艺术概念，是艺术作品所传达出来的艺术特色，可以反映设计人员的情感、审美、思想等特征。本节所讲的风格是界面中的设计风格，也是界面带给用户的视觉感受，下面将进行详细介绍。

2.4.1 界面风格的设计要点

扩展图集

界面风格设计要点的应用

在了解了风格的概念后，设计人员还需要掌握界面风格的设计要点。由于界面由不同的元素组合而成，因此要想反映出界面鲜明的风格特点，就要掌握以下设计要点。

- 界面风格要与产品类型相契合。产品类型不同，其界面所反映的风格也就不同，要想让界面具有鲜明的风格特点，首先要找准产品的类型。如儿童类App产品的界面需要体现出天真、活泼的风格特点，绿色食品类App产品的界面需要体现出健康、自然的风格特点。
- 界面风格要与色彩相契合。色彩是定位风格的重要元素，可用于表现不同的界面风格。如打造简约风格，就需要使用较单一的色彩，这样才能让界面显得更有气质。
- 界面风格要与字体相契合。字体是界面中的常用元素之一，不同的字体类型可以使界面传达出不同的情感，突显出不同的风格，因此界面中的字体类型需要与风格相互统一。
- 界面风格要与图片和其他装饰元素相契合。图片在界面中非常常见，常与界面中的文字和色彩进行搭配，在很大限度上能够影响界面的风格。其他装饰元素在界面中则主要起辅助作用，能够让界面风格更加统一、突出。

2.4.2 界面常见的设计风格

界面类型的多样性决定了界面设计风格的多样性，下面将对界面常见的设计风格进行简单介绍。

1. 插画风格

插画风格在UI设计中的运用非常广泛，除了用作界面中的提示类图标和功能按钮外，还可以作为界面中的装饰元素。一般来说，插画风格的UI设计主要可分为线性、线性加底色、面状3种类型。插画风格可以丰富界面的视觉表现效果，增强艺术设计美感。图2-47所示为插画风格的界面效果，其配色新颖、画面简洁明快、色调柔和，同时渐变的色彩也着重渲染了界面的意境和氛围，给人温馨的感受。

2. 扁平化风格

在UI设计中，扁平化风格一般运用纯色图形或插画来打造，界面一般简明、干净。打造扁平化风格的核心意义就是去除界面冗余、厚重和繁杂的装饰效果，体现简明、干净、整齐、清爽的特点。因此在设计上可将主要信息作为核心突出点，再通过形状、色彩、字体等形式进行展现，使界面呈现出清晰的视觉层次感，给用户带来较为清爽、干净的视觉感受，且这样更易于用户理解与传播信息。同时，扁平化风格的界面对于不同系统的平台和不同分辨率的屏幕有较强的适应性。图2-48所示为扁平化风格的界面效果。

图2-47　插画风格的界面效果

图2-48　扁平化风格的界面效果

3. 卡通风格

卡通风格在UI设计中使用较多，设计人员可以通过卡通的形式来表现主题内容，使界面看起来既轻松又有趣。卡通形象不但可以用于游戏场景，还能作为矢量效果。图2-49所示为卡通风格的网站界面效果，该界面通过卡通元素来进行呈现，整个界面散发着活泼可爱的气息，有着浓厚的卡通色彩。

图2-49　卡通风格的网站界面效果

4. 简约风格

在UI设计中，简约风格会给人一种舒适、简单的感觉，常用于品牌网站、App提示页、App引导页等界面。简约风格要求设计人员具有敏锐的洞察力，能够准确把握品牌的色调。在设计时多采用弱对比色调、色调反差较小、冷暖色调的方式来达到简约风格的界面效果，也可以通过恰当的留白或排版来达到简约风格的界面效果，如图2-50所示。

5. 拟物化风格

扩展图集

界面常见设计风格的应用

拟物化风格是指通过设计将生活中的具体实物虚拟地表现出来。拟物化风格比较贴近用户的实际生活，可以让产品具有真实感，让用户产生依赖感，并能够指导用户快速掌握操作界面的方法。设计人员在运用拟物化风格时需要仔细观察真实的事物，然后站在用户的角度去思考，使设计出的界面既能够被用户快速接受，也能够满足用户的个性化需求。图2-51所示为拟物化风格的界面效果，左图为拟物化风格的手机主题设计，其中的图标都具有很强的真实性，右图为拟物化风格的手机书架设计，模拟了真实的书架。

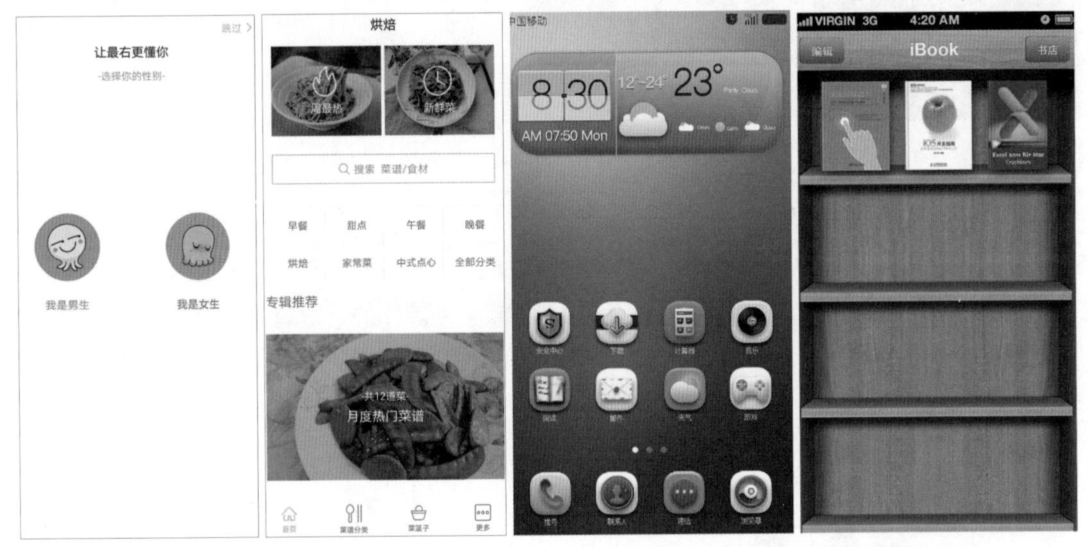

图2-50　简约风格的界面效果　　　　图2-51　拟物化风格的界面效果

2.4.3 设计案例——插画风格的网站登录界面设计

慕课视频

设计案例——插画风格的网站登录界面设计

本案例将制作插画风格的网站登录界面，操作过程是首先使用Illustrator CC 2019绘制插画，然后使用Photoshop CC 2019绘制网站登录界面，最后完成设计。

（1）启动Illustrator CC 2019，新建大小为800像素×600像素、名为“登录界面插画”的图像文件。打开“图层”面板，单击“创建新图层”按钮，新建图层。

（2）在工具箱中选择“椭圆工具”，按住【Shift】键绘制一个填充颜色为“#E9F5FF”的圆形，再选择“矩形工具”，在圆形下方绘制一个填充颜色为“#E9F5FF”的矩形，使二者相交，效果如图2-52所示。

（3）同时选择圆形图层与矩形图层，选择“窗口”/“路径查找器”命令，打开“路径查找器”面板，单击“路径查找器”栏下的“分割”按钮，如图2-53所示。

（4）在“图层”面板中删除矩形与圆形相交的下半部分和矩形，效果如图2-54所示。

图2-52 绘制椭圆和矩形

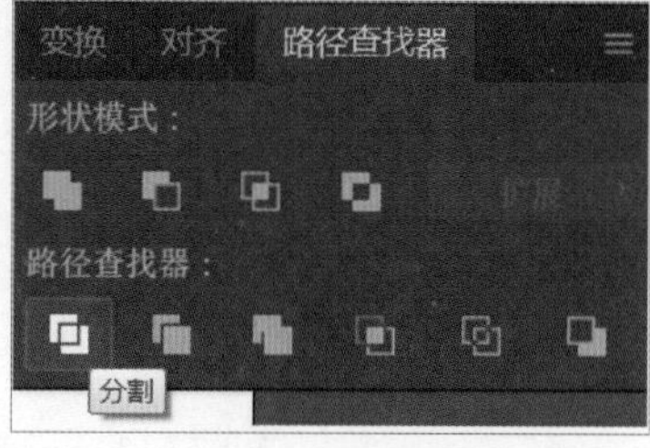

图2-53 分割形状

图2-54 删除形状

（5）选择“钢笔工具”，绘制山丘形状，设置填充颜色为“#A7D6F9”，如图2-55所示。

（6）使用相同的方法绘制另外一个山丘，并设置填充颜色为“#8CBFED”，如图2-56所示。

（7）选择“矩形工具”，绘制一个填充颜色为“#3850B2”的矩形，效果如图2-57所示。

图2-55 绘制山丘形状

图2-56 绘制另外一个山丘

图2-57 绘制矩形

（8）选择“直接选择工具”，在矩形左上角锚点处按住鼠标左键，再按住【Shift】键，向矩形右侧轻轻拖曳，调整矩形形状，效果如图2-58所示。

（9）使用相同的方法调整矩形右侧形状，效果如图2-59所示。

（10）选择“矩形工具”，使用相同的方法绘制出其他的形状，并调整大小与位置，效果如图2-60所示。

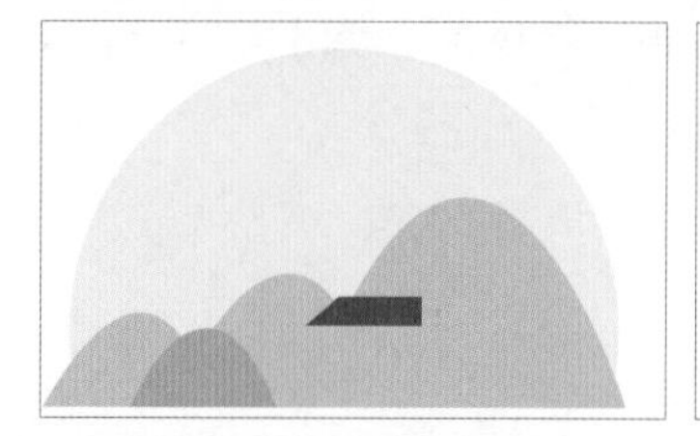

图2-58 调整矩形左侧形状

图2-59 调整矩形右侧形状

图2-60 绘制其他形状并调整大小与位置

（11）选择“矩形工具”，设置填充颜色为“#FFFFFF”，绘制矩形，调整大小与位置，效果如图2-61所示。

（12）用相同的方法绘制其他填充颜色为“#FFFFFF”的矩形，调整大小与位置，效果如图2-62所示。

（13）选择“矩形工具”，在白色矩形内绘制填充颜色为“#C1C1F4”的矩形，调整大小与位置，效果如图2-63所示。

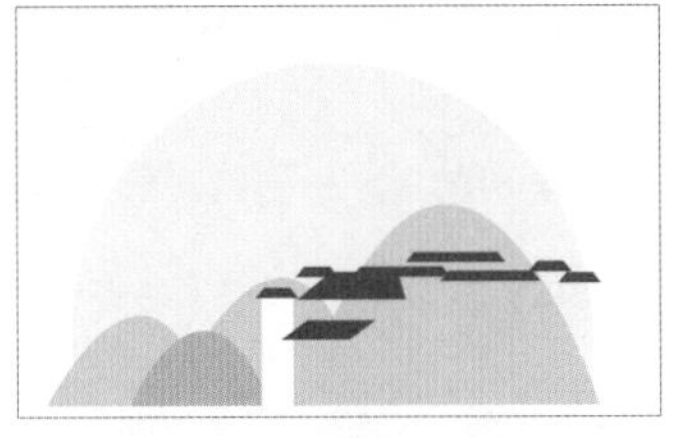
图2-61 绘制矩形

图2-62 绘制其他矩形

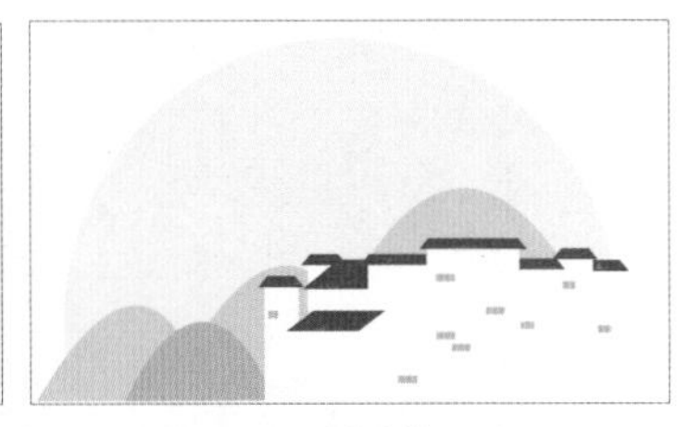
图2-63 绘制矩形

（14）选择“矩形工具”，设置填充颜色为“#35358E”，绘制矩形，调整大小与位置，效果如图2-64所示。

（15）选择“钢笔工具”，绘制树冠形状，设置填充颜色为“#5C8C48”，效果如图2-65所示。

（16）选择“圆角矩形工具”，在树冠下方绘制填充颜色为“#547A40”的圆角矩形作为树干，调整大小与位置，效果如图2-66所示。

图2-64 绘制其他矩形

图2-65 绘制树冠形状

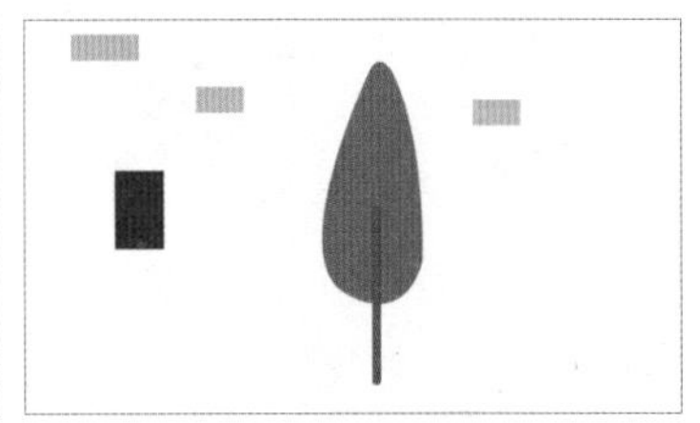
图2-66 绘制树干

（17）选择“直线段工具”，在工具属性栏中取消填充颜色，设置描边颜色为“#547A40”、描边粗细为“2pt”，在树冠中绘制出树枝，调整大小与位置，效果如图2-67所示。

（18）按住【Shift】键，依次选择所有与树木相关的形状图层，再按住【Alt】键不放向右拖曳以复制树木形状，效果如图2-68所示。

（19）选择“椭圆工具”，绘制两个填充颜色为“#5C8C48”的椭圆，调整大小与位置，效果如图2-69所示。

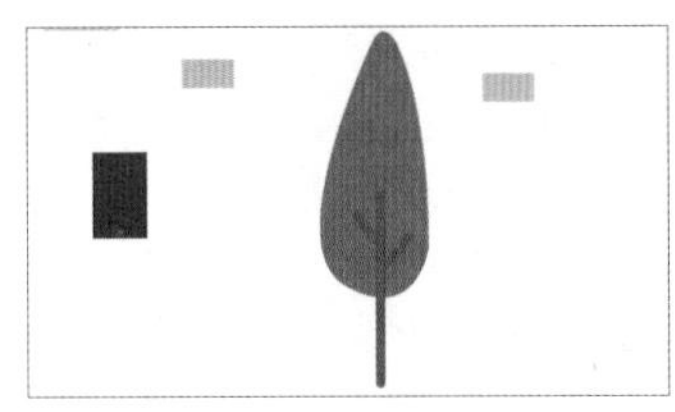
图2-67 绘制树枝

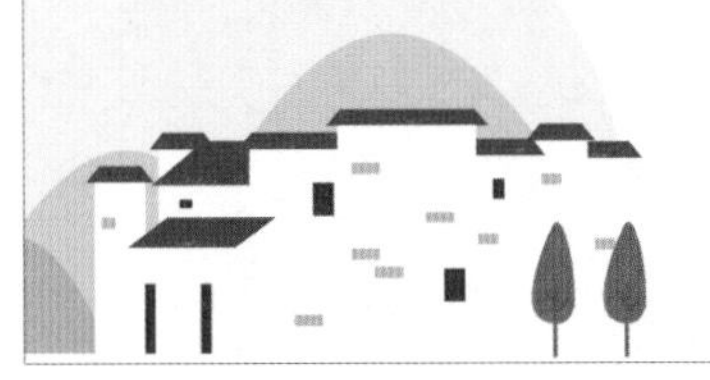
图2-68 复制树木

图2-69 绘制椭圆

（20）选择“矩形工具”，在圆形下方绘制一个填充颜色为“#5C8C48”的矩形，使矩形与两个椭圆相交合，效果如图2-70所示。

（21）选择圆形图层与矩形图层，打开“路径查找器”面板，单击“分割”按钮，然后在“图层”面板中删除多余的图层，效果如图2-71所示。

（22）选择删除后剩下的图层，按住【Alt】键不放向右拖曳以复制出3个草丛形状图层组，效果如图2-72所示。

图2-70　绘制矩形

图2-71　分割并删除多余的图层

图2-72　复制草丛形状

（23）选择第2组草丛形状，选择“窗口”/“变换”命令，打开“变换”面板，在面板中单击按钮，在打开的面板菜单中选择“水平翻转”命令，如图2-73所示。

（24）按住【Shift】键不放，拖动第2组草丛形状左上角的控制点，缩小草丛形状，效果如图2-74所示。

（25）使用相同的方法将第3组草丛形状放大，将第4组草丛形状缩小并将其水平翻转，效果如图2-75所示。

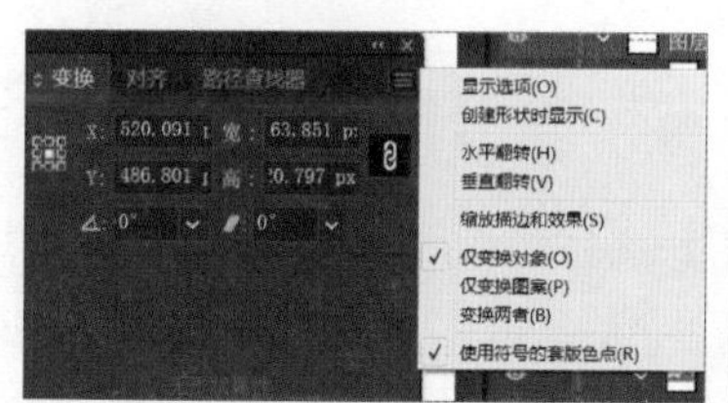

图2-73　设置水平翻转

图2-74　缩小草丛形状

图2-75　变换其余草丛形状

（26）选择“矩形工具”，设置填充颜色为“#CBD6F7”，绘制多个矩形，调整大小与位置，效果如图2-76所示。

（27）选择“圆角矩形工具”，绘制多个填充颜色为“#CBD6F7”的圆角矩形，调整大小与位置，效果如图2-77所示。

（28）选择“圆角矩形工具”，绘制多个填充颜色为“#FFFFFF”的圆角矩形，调整大小与位置，效果如图2-78所示。

图2-76　绘制矩形

图2-77　绘制圆角矩形

图2-78　绘制其他圆角矩形

（29）选择“椭圆工具”，按住【Shift】在山丘后绘制两个填充颜色分别为“#CBD6F7”“#F4C040”的圆形，调整大小与位置，效果如图2-79所示。

（30）选择“钢笔工具”，绘制出图2-80所示的白云形状，设置填充颜色为“#FFFFFF”。

（31）选择白云形状图层，按住【Alt】键不放向右拖曳以复制出两个白云形状，并调整其大小与位置，效果如图2-81所示。

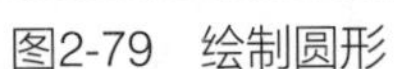

图2-79　绘制圆形

图2-80　绘制白云形状

图2-81　复制白云形状

（32）选择“文件”/“导出”/“导出为”命令，打开“导出”对话框，设置文件导出位置，然后输入文件名称“登录界面插画”，设置文件保存类型为PSD格式，单击“导出”按钮，在“Photoshop导出选项”对话框中单击“确定”按钮保存图像，查看完成后的效果（配套资源：\效果文件\第2章\登录界面插画.psd）。

（33）启动Photoshop CC 2019，新建大小为1920像素×1080像素、名为“网站登录界面”的图像文件。按【Ctrl+J】组合键新建图层，然后将前景色设置为“#56BCFC”，按【Alt+Delete】组合键填充前景色。

（34）再次新建图层，将前景色设置为“#74DEFB”，然后选择“钢笔工具”，绘制图2-82所示的背景形状。

（35）选择“椭圆工具”，按住【Shift】键绘制3个填充颜色分别为“#CBD6F7”“#74DEFB”“#F0F1FF”的圆形，并设置其“不透明度”为“50%”，效果如图2-83所示。

图2-82　绘制背景形状

图2-83　绘制圆形

（36）选择“圆角矩形工具”，在工具属性栏中设置填充颜色为“#FFFFFF”，然后绘制大小为1796像素×874像素、半径为“18像素”的圆角矩形，效果如图2-84所示。

（37）双击圆角矩形所在图层右侧的空白区域，打开“图层样式”对话框选中“投影”复选框，然后设置“颜色”“不透明度”“距离”“扩展”“大小”分别为“#B6B6B6”“31%”“9像素”“4%”“64像素”，单击“确定”按钮，如图2-85所示。

图2-84　绘制圆角矩形

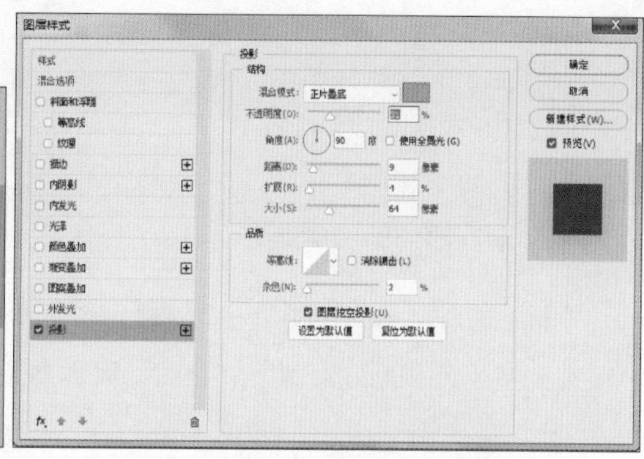

图2-85　设置“投影”参数

（38）选择“横排文字工具”，在矩形右上方输入图2-86所示的文字，然后在工具属性栏中设置字体为“Adobe 黑体 Std”。设置“手机验证登录”文本颜色为“#666666”、字号为“28点”，其他文本的颜色为“#333333”，“账号密码登录”的字号为“30点”，“欢迎登录旅游网”的字号为“50点”。

（39）选择“直线工具”，在文字的下方绘制两条水平线，并设置填充颜色分别为“#FF651A”“#DDDDDD”，粗细为“4像素”，效果如图2-87所示。

图2-86　输入文字

图2-87　绘制直线

（40）在工具箱中选择“矩形工具”，在工具属性栏中设置填充颜色为“#FFFFFF”、描边颜色为“#CCCCCC”、描边宽度为“2像素”，然后在图像窗口的中间区域绘制两个大小为575像素×97像素的矩形，效果如图2-88所示。

（41）打开“装饰.psd”素材文件（配套资源：\素材文件\第2章\装饰.psd），将素材拖曳到图像中，调整大小和位置。

（42）选择“横排文字工具”，输入图2-89所示的文字，然后在工具属性栏中设置字体为“黑体”、文本颜色为“#999999”、字号为“28点”。

（43）选择“圆角矩形工具”，在工具属性栏中设置填充颜色为“#FC7163”，在步骤（40）绘制的两个矩形下方绘制大小为583像素×82像素、半径为“10像素”的圆角矩形。

图2-88　绘制矩形　　图2-89　输入文字

（44）选择“横排文字工具” T，在圆角矩形中输入“登录”文字，然后在工具属性栏中设置其字体为“Adobe 黑体 Std”、文本颜色为“#FFFFFF”、字号为“32点”，效果如图2-90所示。

（45）选择“横排文字工具” T，在圆角矩形下方输入“记住密码”“忘记密码？”文字。设置其字体为“Adobe 黑体 Std”、字号为“24点”，然后设置“记住密码”文本的颜色为“#999999”，“忘记密码”文本的颜色为“#FC7163”，效果如图2-91所示。

图2-90　输入文字

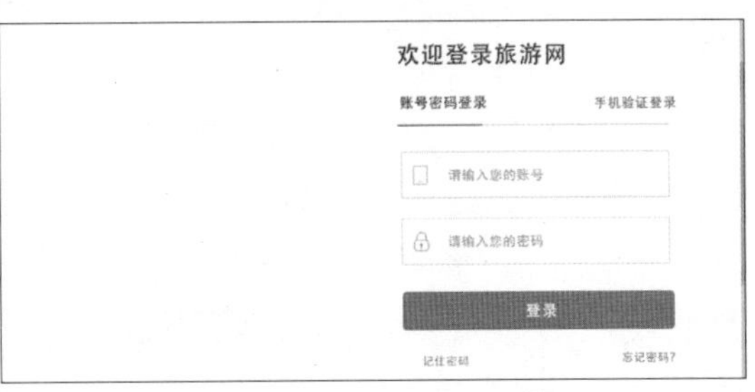

图2-91　再次输入文字

（46）选择“自定形状工具”，在工具属性栏中设置填充颜色为“#3B3B3B”，然后在“形状”下拉列表框中选择“选中复选框”选项，再在“记住密码”文字左侧绘制形状，效果如图2-92所示。

（47）打开“登录界面插画.psd”效果文件（配套资源：\效果文件\第2章\登录界面插画.psd），然后将插画图像拖曳到白色矩形左侧的空白处，调整大小和位置，效果如图2-93所示。

图2-92　绘制自定形状

图2-93　添加插画图像

（48）按【Ctrl+S】组合键保存图像，并查看完成后的效果（配套资源：\效果文件\第2章\网站登录界面.psd）。

2.5 项目实训

经过前面的学习，我们对UI设计的要素已经有了一定的了解，接下来便通过项目实训来巩固所学的知识。

项目目的

本项目将对图2-94所示的网站首页界面进行赏析，主要分析该界面中的基本元素、色彩、字体和风格。

图2-94　网站首页界面

赏析思路

（1）观察该界面，可发现界面中基本元素的搭配非常和谐，如界面上方的导航栏文字、品牌名称、装饰等都可以视为界面中的点元素，主要起活跃画面气氛的作用；界面的背景被划分成了不同色彩的板块，板块与板块相交的部分可视为线元素，主要起分割画面的作用；界面背景可视为一个整体的面元素，主要起整合画面的作用，可以让整个画面效果更加和谐统一。

（2）在色彩的选择上，整个界面的主色调为高饱和度的蓝色，白色为辅助色，黄色为点缀色。同时，冷暖色的搭配让界面更具视觉冲击力。

（3）在字体的选择上，该界面主要采用了无衬线字体，如“最右App”“我的快乐源泉”等，这种字体让界面的结构更加清晰、简洁、美观。

（4）在风格的选择上，该界面使用的是插画风格，主要通过鲜艳的色彩、清新的插画图像来体现。

项目二 ▶ 设计读书App启动页界面

项目目的

本项目将设计读书App启动页界面，首先收集与读书相关的素材图片，并使用Illustrator CC 2019绘制App的标志（Logo）形状，然后添加文本。界面整体设计要简单、直白，突显出品牌特点，能够加深用户对App的印象。图2-95所示为读书App启动页界面的效果。

制作思路

（1）收集与读书相关的素材（配套资源：\素材文件\第2章\读书素材.psd）。

（2）启动Illustrator CC 2019，新建大小为800像素×600像素的图像文件，然后使用“钢笔工具”绘制填充颜色为“#BB9229”的Logo形状。

（3）启动Photoshop CC 2019，新建大小为1920像素×1080像素的图像文件，然后新建图层，并设置图层的填充颜色为“#EAEAEA”；再将收集的读书素材拖曳到图像中，调整大小和位置；接着使用“矩形选框工具”在图像下方绘制填充颜色为“#FFFFFF”的矩形；最后将绘制的Logo形状添加到矩形中并在Logo形状下方输入App名称。

（4）在图像上方输入读书App的广告语，然后绘制填充颜色为“#444243”的圆形，最后在其中输入文字。

（5）保存文件（配套资源：\效果文件\第2章\读书App启动页界面.psd）。

图2-95 读书App启动页界面

思考与练习

1. 列举经典的UI设计案例，并分析其色彩、字体和风格特点。
2. 查找资料，思考还有哪些常见的UI设计风格。
3. 对图2-96所示的网站登录界面进行赏析，分析其色彩搭配。
4. 利用收集的素材（配套资源：\素材文件\第2章\美食网站素材.psd）制作美食网站界

面，完成后的参考效果如图2-97所示（配套资源：\效果文件\第2章\美食网站界面.psd）。

图2-96　网站登录界面

图2-97　美食网站界面

Chapter 3

第3章 UI设计规范

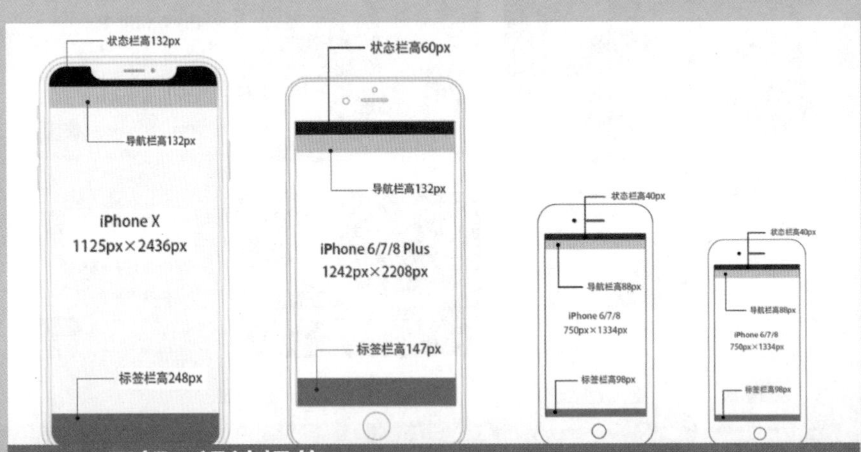

学习引导			
	知识目标	能力目标	情感目标
学习目标	1. 了解UI设计的规范 2. 熟悉不同系统下的UI设计规范 3. 了解UI设计的图片规范	1. 掌握并运用iOS、Android操作系统和Windows操作系统的UI设计规范 2. 熟悉UI设计中图片的格式和尺寸等	1. 提高对设计信息的搜集与分析能力 2. 培养良好的UI设计规范与素养
实训项目	分析某App界面中的UI设计规范		

一般来说，一个完整的UI作品并不是单独的一个界面，而是由多个界面组合而成的。因此，一个统一的UI设计规范非常重要，设计人员在具体制作过程中要将这些规范融会贯通，让各界面风格和谐统一，从而提高产品界面的易用性与美观性。

3.1 了解UI设计规范

慕课视频

了解UI设计规范

UI设计规范是设计人员在进行UI设计时共同遵循的标准，能够在表现界面特点的同时保证视觉的统一性，对产品界面的质量起着关键作用。下面将对UI设计规范的原则和UI设计规范包括的内容进行详细介绍。

3.1.1 UI设计规范的原则

UI设计的原则是更好地向用户展示产品，让产品与用户的交流更加简单、高效，从而提升用户体验。而UI设计规范将会应用于UI设计的整个过程中，那么，UI设计规范主要有哪些原则呢？下面进行详细介绍。

1．一致性

为了保证整个产品界面的交互效果、视觉风格的一致性，设计人员在进行UI设计时都需要遵循设计规范，同时，UI设计规范的一致性原则还可以提升用户对产品的体验感，让用户感受到产品品牌的专业度。UI设计规范的一致性原则表现在产品界面的各个方面，如在设计布局界面时，需要使标题字体、内容字体、链接字体等保持一致；在进行交互设计时，界面中的交互组件、交互流程、用户行为、交互样式、界面元素等应保持一致。

2．高效性与准确性

UI设计是一个系统的、复杂的工作过程，设计人员在进行UI设计时会经历多个设计阶段，如原型图设计、效果图设计、切图、标注等，而且每个设计人员所负责的内容和流程都不同。若不同的设计人员有不同的设计标准，这样不仅会导致工作内容重复、工作量加大，工作效率大大降低，也会增加界面出错的概率。因此建立通用的设计细节规范必不可少，这不仅能够降低设计人员的沟通成本，提高设计的准确性，还能遵循UI设计规范的高效性和准确性原则。

3.1.2 UI设计规范包括的内容

UI设计规范包括的内容是指图标、色彩、字体和行间距、按钮、图片、组件等UI组成元素的设计规范，了解这些元素的设计规范的内容将有助于设计出更好的作品。

1. 图标设计规范

一般而言，图标是具有高度概括性的、用于传达视觉信息的小尺寸图像，常与文本搭配使用。图标不仅能传达出丰富的信息，还能提升整个界面美感度和信息可识别性。同时，有的图标还具有交互性和功能性，用户点击这些图标会执行特定的操作，触发相应的功能。另外，同一个产品中的图标大小也会有所不同，这就意味着不同界面中的图标设计会有差异，图3-1所示为App界面中不同大小的图标。在UI设计中，常见的图标大小为“48px×48px”“44px×44px”“32px×32px”“24px×24px”（px表示“像素”），设计人员可根据图标大小和使用用途将界面分类，帮助用户理解界面，同时要使图标的风格、色彩和大小等要素保持一致。

图3-1　App界面中不同大小的图标

2. 色彩使用规范

色彩使用规范主要是确定产品UI设计中所能使用的色彩种类。设计人员在设计界面时，可以将所有界面需要用到的色彩罗列出来，包括主色、辅助色、点缀色、字体用色、图标用色、按钮用色，以及块面用色等，并将色彩的标准值标注清楚。图3-2所示为界面中文字的色彩使用规范示例。

文字用色	色块	色号	使用场景
文字1		#ffffff	可用于页面底色、主色或者按钮中
文字2		#cccccc	可用于失效或辅助类文字中
文字3		#999999	可用于提示类文字中
文字4		#666666	可用于辅助或默认状态下的文字中
文字5		#333333	可用于重要级正文或标题中

图3-2　界面中文字的色彩使用规范示例

3. 字体和行间距的设计规范

iOS和Android操作系统的默认字体都比较单一，不同系统默认字体规范在第2.3.2小节中已经讲解过，这里不再赘述。需要注意的是，设计人员可以像色彩使用规范一样，将产品中主要使用的字体样式、字体大小、字体颜色与应用场景罗列出来，以便于后期的UI设计。另外，UI设计中对不同字号下的行间距要求也会有所不同，一般来说，行间距的大小为字号的1～1.5

倍，当然设计人员也可根据实际需求标注出产品界面中不同文字内容所对应的行间距大小。

4. 按钮设计规范

按钮是UI设计中的必备元素，设计人员应将按钮的设计规范进行文字说明，包括将按钮的尺寸大小、圆角大小、描边大小，以及按钮中的文字大小等标注清楚，按钮的各种设计信息如图3-3所示。此外，按钮的视觉体现主要包括默认状态、点击状态和禁用状态3种，通常情况下，点击状态按钮的色彩透明度是默认状态按钮的色彩透明度的50%，禁用按钮的色彩为浅灰色（#CCCCCC），App界面中不同状态按钮的视觉效果如图3-4所示。

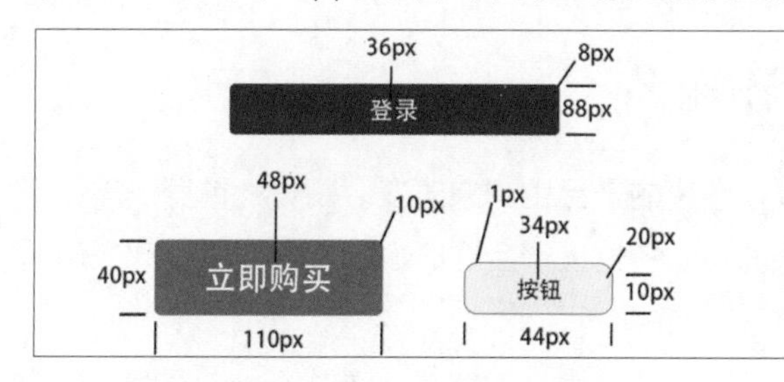

图3-3　按钮的各种设计信息

图3-4　App界面中不同状态按钮的视觉效果

5. 图片设计规范

图片也是UI设计中的重要组成部分之一，设计人员可按照用途对其进行分类，并遵循一定的设计规范，包括图片的比例与尺寸规范等，具体内容将在第3.3节重点介绍。

6. 组件设计规范

UI设计中的组件包括下拉列表框、单选项和复选框、文本输入框、搜索框、进度条、弹出面板、提示框、分割线等，下面将分别进行介绍。

- 下拉列表框。下拉列表框为用户提供了多个可供选择的组件，可以帮助用户缩小选择范围。设计人员在制作下拉列表框时需要设置3种状态，包括默认状态、悬停状态以及点击状态。
- 单选项和复选框。单选项是指在多个选项中只能选择一个，而复选框是指在多个选项中可以选择多个。设计人员在设计单选项和复选框时需要设置未选中、选中和不可点击3种状态。
- 文本输入框。文本输入框是UI设计中必不可少的组件，主要有4种状态，即默认状态、输入状态、禁用状态和错误状态。
- 搜索框。搜索框和文本输入框类似，都需要输入内容后完成操作，主要有4种状态，即默认状态、输入状态、搜索下拉状态和错误状态。设计人员在制定设计规范时需要将不同状态下文字的字号、色彩等都标注出来。
- 进度条。进度条在界面中非常常见，主要是为了让用户清晰地了解当前状态。进度条的状态包括默认状态、上传中状态、上传成功状态、上传失败状态。设计人员需要在UI设计规范中标注进度条的所有状态，让用户在操作过程中能够及时收到响应。
- 弹出面板。弹出面板是一个需要用户进行交互的浮层，主要是指引用户去完成一个特定的操作。其主要由5个部分组成，分别是面板内的文本信息、按钮、面板大小样式、蒙版颜色和蒙版透明度。设计人员在制定设计规范时需要注意视觉上的统一性，如弹出面板的蒙版颜色、蒙版透明度、按钮大小等，以及交互操作的统一性，如关闭按钮的位置等。

- 提示框。提示框是一个由事件触发而显示弹出面板的组件，在用户操作时给予提醒。其类型多样，设计人员在制定设计规范时需要将其中的字号、色彩等标注出来。
- 分割线。分割线是划分界面层次的常用组件。设计人员在制定设计规范时需要注意分割线的使用场景，场景不同，其色彩透明度也会有所不同，如在白色背景下分割线的颜色多为“#E5E5E5”保，在灰色背景下分割线的颜色是“#CCCCCC”。

3.2 不同操作系统的UI设计规范

随着智能电子设备的普及，承载着各大操作系统的产品也越来越多。UI设计置身于操作系统中人机交互的窗口，其界面必须基于操作系统中的特性进行合理的设计，因此，设计人员首先需要对不同操作系统的UI设计规范有所了解。

慕课视频

不同操作系统的UI设计规范

3.2.1 iOS的UI设计规范

iOS是由苹果公司开发的移动端操作系统，设计人员在进行UI设计前需要制定出iOS的UI设计规范，这样才能保证制作出来的界面符合设计规范。

1. 界面尺寸规范与框架

扩展图集

iOS的UI设计规范

要了解界面尺寸规范首先需要对iOS设备的屏幕分辨率和框架有所了解，其中iOS移动设备界面中常见的分辨率和框架主要有4种，如图3-5所示。iOS移动设备的界面框架主要包括状态栏、导航栏、标签栏等，状态栏是界面顶部的电量、运营商、信号等显示的位置；导航栏是当前界面名称显示的位置；标签栏是界面底部的区域，如常见的手机QQ软件的“消息”“联系人”“看点”“动态”文字显示的区域。不同的设备其界面框架会有所差异，需要设计人员在具体的设计过程中根据实际情况确定。为了保证各类设备的适配性，在具体的iOS界面设计过程中，设计人员大多会采用iPhone 6的尺寸（750px×1334px）作为界面输出大小。

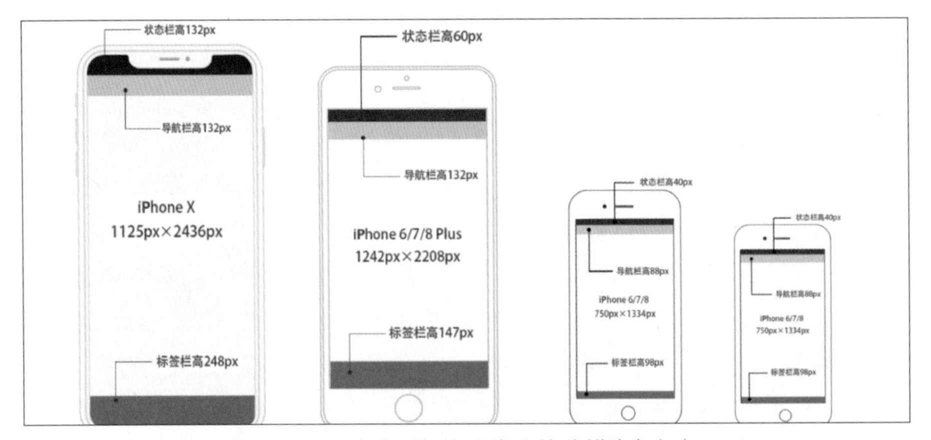

图3-5　iOS移动设备界面常见的分辨率与框架

2. 控件规范

iOS中的界面控件主要包括导航栏、搜索栏、选项卡、标签栏、开关和提示框等。这些控件都有一定的设计规范，下面将进行详细介绍。

- 导航栏。从iphone7开始，iOS界面中的导航栏和状态栏颜色通常会保持一致，其中主标题字号多为24px，副标题字号为10px，按钮文字字号为32px。
- 搜索栏。iOS界面中的搜索栏背景栏的高度为88px，输入框的高度为56px，输入框中的文字字号为30px，圆角大小为10px，如图3-6所示。

图3-6　搜索栏大小

- 选项卡。选项卡背景栏的高度为88px，选项卡控件的高度为58px，控件中的文字字号为26px，默认选项卡一般为反白效果，当用户点击选项卡后，该选项卡就会填充颜色，如图3-7所示。

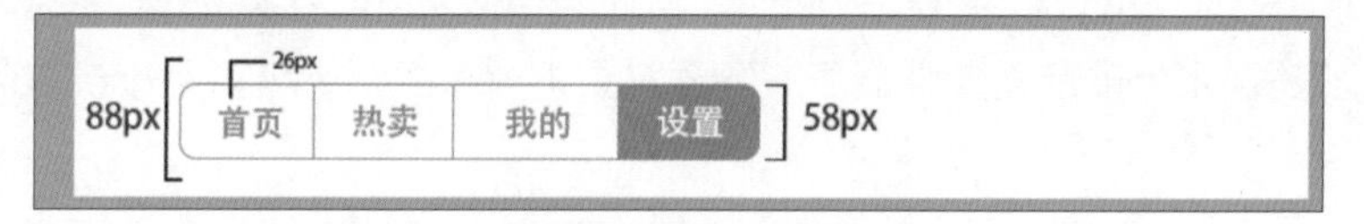

图3-7　选项卡大小

- 标签栏。标签栏主要用于界面之间的切换，其中的文字和图标大小会根据标签栏的大小而变化。以iPhone 6的尺寸大小为例，标签栏的整体高度为98px，底部按钮的文字字号为20px，图标大小为48px×48px或40px×40px，其标签数量不得超过5个。
- 开关。在开关组件中，滑块滑到右边表示开启，滑到左边表示关闭，其背景栏的高度为88px，开关控件高度为62px，其中的文字字号为34px。
- 提示框。一般来说，常规提示框的宽度为540px，按钮栏高度为88px，其中的主标题和点击按钮文字字号为34px，副标题字号为26px。

3.2.2 Android操作系统的UI设计规范

扩展图集

Android操作系统的UI设计规范

Android操作系统是一种基于Linux内核（不包含GNU组件）的自由及开放源代码的操作系统，主要应用于移动设备中，下面将对Android操作系统的UI设计规范进行介绍。

1. 界面尺寸规范与框架

Android操作系统界面的尺寸大小一般为320px×480px、426px×800px、720px×1280px、1080px×1920px，其中状态栏高度为72px。Android系统界面的尺寸规范并不明确，设计人员可根据需求进行调整。Android系统界面框架包括状态栏、导航栏、主菜单栏、内容区域4个部分。

2. Android操作系统中的单位换算

与iOS不同的是，Android操作系统的开发通常会使用dp作为单位，而一般的UI设计图则以px为单位。因此在Android操作系统中需要进行单位的换算，这可以通过程序人员在后期代码中实现。在进行单位换算时，不同的设备换算方式不同，如分辨率为320px×480px的界面对应的换算比例为1dp=1px；分辨率为480px×800px的界面对应的换算比例为1dp=1.5px；分辨率为720px×1280px的界面对应的换算比例为1dp=2px；分辨率为1080px×1920px的界面对应的换算比例为1dp=3px。

为了保证各类机型的适配性，在具体的设计过程中，设计人员大多会采用1080px×1920px作为界面输出大小，其中状态栏高度为70px，导航栏高度为159px，导航栏中的图标大小为64px×64px，底部栏高度为144px。

3. 控件规范

Android操作系统中的控件与iOS中的控件有很多相似之处，不同的是，Android操作系统中的UI设计更加多样化，自定义控件很多。下面主要讲解Android操作系统与iOS不同的控件的设计规范。

- 顶部标签栏。Android操作系统中通常会使用顶部标签栏来切换模块页面，如“完成”按钮、“下一步”按钮、“提交”按钮等。顶部标签栏位置一般都在界面顶部，其中的字体大小会根据App类型和界面类型的不同有所区别，如图3-8所示。
- 单行列表框。单行列表框是Android操作系统界面中常见的样式，高度多为144px，其中的文字字号多为44px，如图3-9所示。

图3-8 顶部标签栏

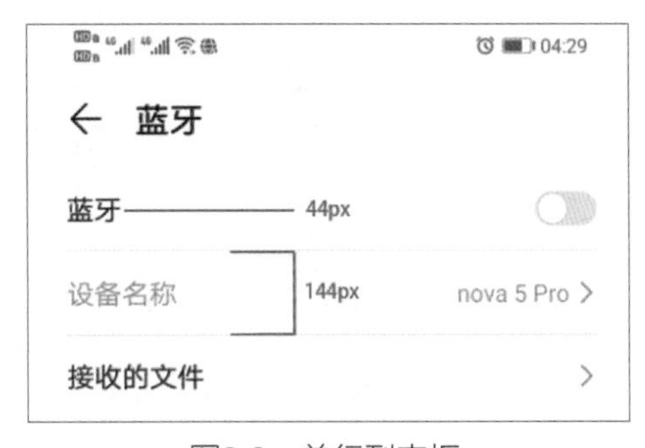

图3-9 单行列表框

- 卡片。以尺寸大小为1080px×1920px的界面为例，圆角矩形的卡片一般圆角都为10dp。
- 全局导航栏。一般来说，Android操作系统中的全局导航栏位于界面最下方，主要包括3个常见按钮，即返回按钮、Home按钮（主屏幕按钮）和菜单按钮，适用于所有Android操作系统应用界面。一般来说，中间位置为Home按钮，根据手机型号的不同，返回按钮和菜单按钮的位置会有所不同。

3.2.3 Windows操作系统的UI设计规范

Windows操作系统是微软公司研发的一套操作系统，了解Windows操作系统的UI设计规范将有助于设计人员更好地进行UI设计。

1. Windows操作系统的界面尺寸规范

由于Windows操作系统在不断地升级改版，因此其界面尺寸有很多，常见的界面尺寸主要包括图3-10所示的8种。

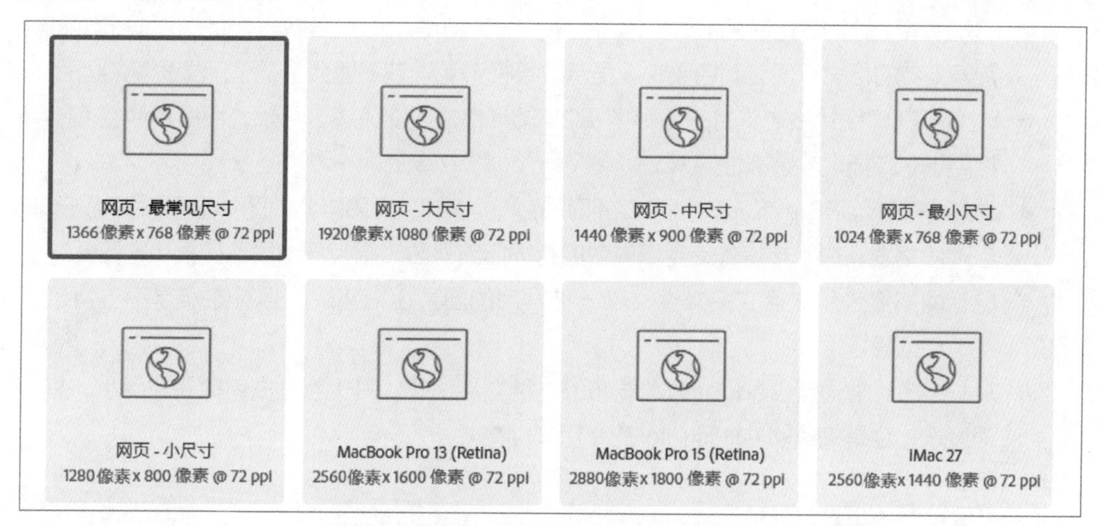

图3-10　Windows操作系统常见的界面尺寸

（注：PPI表示“像素/英寸”，1英寸=25.4mm）

2. 控件规范

与Android操作系统和iOS一样，Windows操作系统中的控件也有相应的设计规范。

- 导航栏。网站界面的导航栏要清晰、直观，最好不要有超过3层的链接。
- Logo图标。网站界面中的Logo图标要明确显示出其样式、尺寸以及位置。
- 状态栏。状态栏要显示出用户当前的操作状态，如提示信息、进度条、用户位置、错误提示等。
- 滚动条。对于Windows操作系统的界面来说，大多数情况下水平滚动条会受到网站界面的影响，不利于用户的阅读，因此设计垂直滚动条会更受用户的喜爱。
- 图标与图片。不同界面的同一功能应使用统一的图标或图片，其色调和风格也应尽量保持一致。

3.3 UI设计的图片规范

慕课视频

UI设计的图片规范

图片作为UI设计中的重要展现内容，能有效提升界面的美观度。设计人员在对图片进行设计与制作前，需要先掌握图片的设计规范，包括图片的格式、图片的使用规范等，下面将分别进行介绍。

3.3.1 图片的格式

扩展图集

图片的格式

图片是UI设计中很常见的元素，根据图片的用途可将其分为多种格式，下面将分别进行详细介绍。

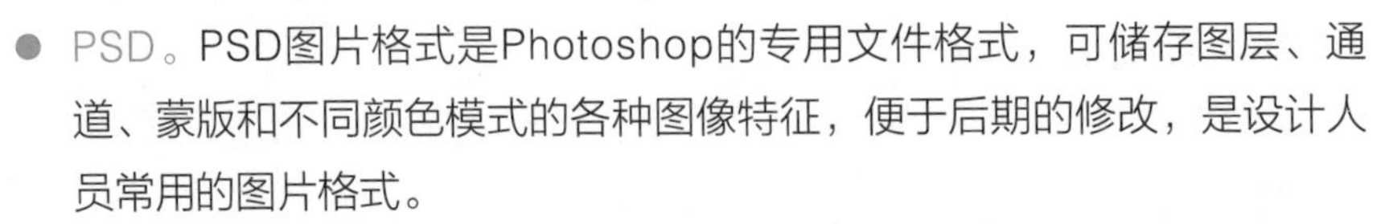

- PSD。PSD图片格式是Photoshop的专用文件格式，可储存图层、通道、蒙版和不同颜色模式的各种图像特征，便于后期的修改，是设计人员常用的图片格式。
- GIF。GIF图片格式支持背景透明、动画、图形渐进和无损压缩等，是一种图形浏览器普遍支持的格式，但其颜色数少、显示效果相对受限，不适合用于显示高质量的图片。
- PNG。PNG图片格式支持的色彩多于GIF图片格式，支持透明背景，所占存储空间小，常用于制作标识或装饰性元素。
- JPG/JPEG。JPG/JPEG图片格式是照片的默认格式，色彩丰富，图片显示效果优于GIF与PNG格式。由于该格式使用更有效的有损压缩算法，图片压缩质量受损小，因此比较便于网络传输和磁盘交换文件，是一种常用的图片压缩格式。但其缺点是不支持透明度、动画等。
- AI。AI图片格式是由Adobe公司发布的一种文件格式，其优点是占用存储空间小，打开速度快，也是矢量软件Illustrator的专用文件格式。

3.3.2 图片的使用规范

了解了图片的格式后，设计人员还需要掌握图片的使用规范，包括图片的比例与尺寸规范，下面将进行详细介绍。

1. 图片的比例规范

在UI设计中，对于图片的比例没有严格的规定，设计人员可根据需求进行调整，常见的图片比例有16：9、4：3、3：2、1：1和1：0.618（黄金比例）等。

2. 图片的尺寸规范

由于界面中的图片有很多，其大小和位置并不固定，因此这里的图片主要是指界面中的用户头像。用户头像主要有圆形、圆角矩形两种，主要在消息列表界面、个人资料界面中较为常见。不同的界面中用户头像的尺寸大小不同，通常来说，App个人中心界面的用户头像大小多为144px×144px和120px×120px,个人资料界面的用户头像大小多为96px×96px，消息列表界面的用户头像大小多为80px×80px，帖子详情页界面的用户头像大小多为44px×44px和60px×60px。

在实际设计中，设计人员可以以iOS为参考系统来制作设计标准参考稿，标注单位为px，然后程序人员在后期开发代码中进行单位换算，以适配Android操作系统。

3.4 项目实训——分析某App界面中的UI设计规范

慕课视频
项目实训——分析某App界面中的UI设计规范

项目目的

本项目将对图3-11所示的App界面进行赏析，分析该界面设计中遵循了哪些设计规范，从而巩固本章所学的知识。

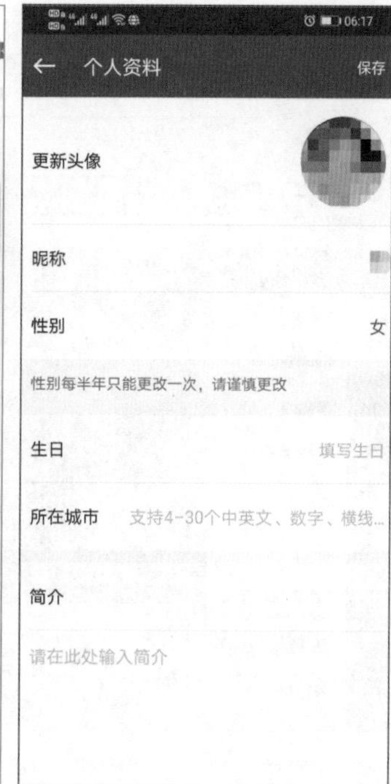

图3-11 App界面

赏析思路

（1）该App的应用系统为Android操作系统，尺寸大小为1080px×1920px。界面框架包含了状态栏、导航栏、主菜单栏、内容区域4个部分，状态栏为界面最上方的运营商、电量等信息区域；第1个界面上方的“关注”“推荐”“热门”文字显示区域为导航栏；第1个和第2个界面下方的“首页”“计划”“运动”等图标和文字显示区域为主菜单栏。

（2）图标。从界面中可以看到该App的图标风格一致、大小一致、色彩一致，如第2个界面中的“我的课程”“我的活动”“我的收藏”等图标。

（3）文字和间距。界面中的文字和间距也非常有规范性，同一组合中的文字大小一致，如第1个界面中导航栏中的文字。另外，界面中图标与字体的间距也在合理的范围内。

（4）文本输入框。可以看到界面中的文本输入框是处于默认状态。

（5）卡片。界面中卡片统一所采用的是圆角半径相同的圆角矩形，如第1个界面帖子中的图片和第2个界面中的Banner图。

（6）图片。界面中的用户头像主要展示在两个位置，如第1个界面的用户帖子中，其大小为60px × 60px；第3个界面中的个人资料中，其大小为96px × 96px。

思考与练习

1. 查找资料，了解UI设计中还有哪些控件规范。
2. 查找资料，了解Android操作系统与iOS的设计规范有哪些相同点和不同点。
3. 对图3-12所示的网站首页界面进行鉴赏，分析其UI设计规范。

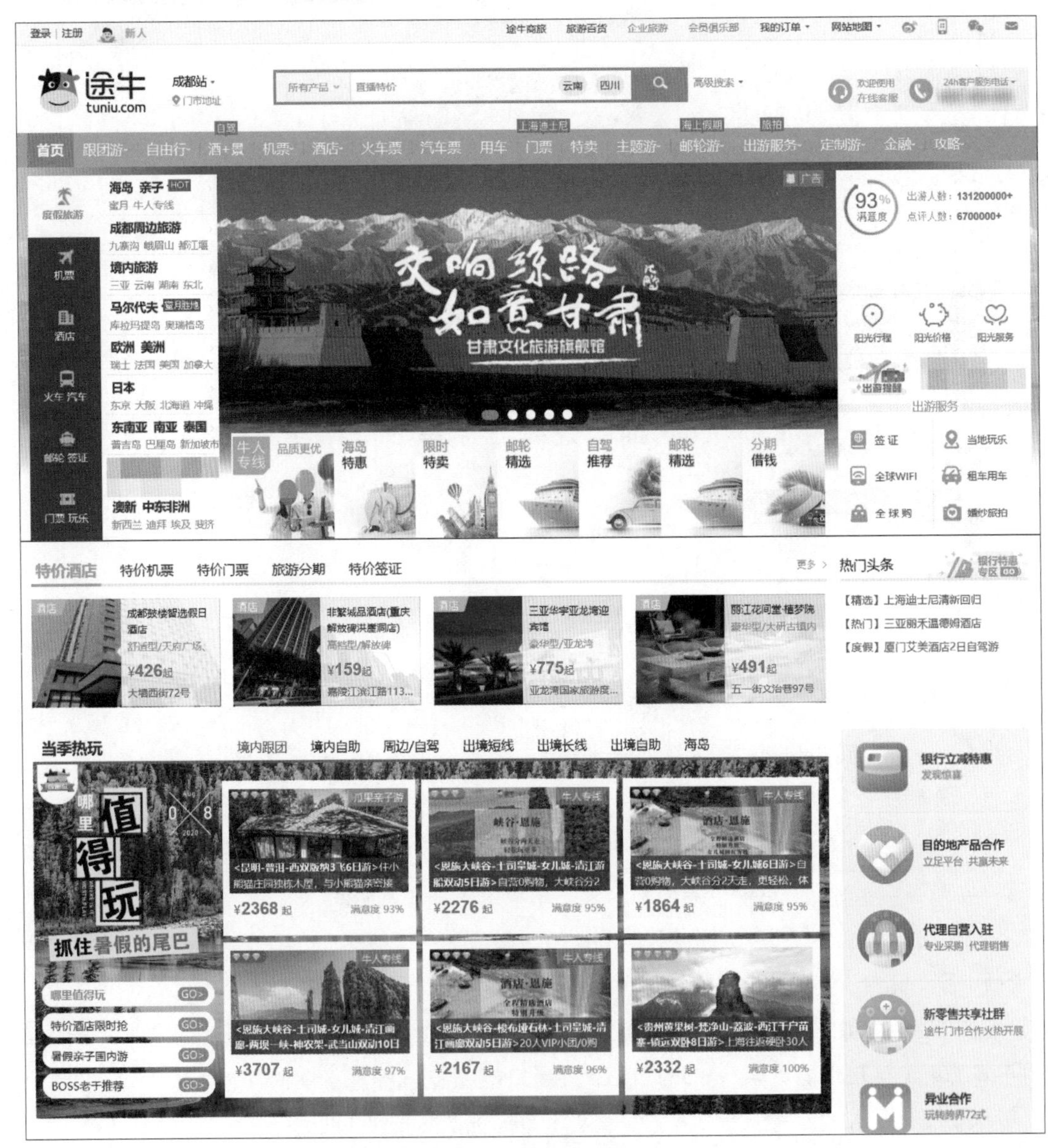

图3-12　网站首页界面

Chapter 4

第4章 UI设计布局与构图

学习引导			
	知识目标	能力目标	情感目标
学习目标	1. 了解UI设计的布局元素 2. 了解UI设计的布局原则 3. 了解常见的UI设计的构图方法	1. 能够分析网站界面的布局要素 2. 能够分析手机App界面的布局原则 3. 能够用三角形构图法设计App登录界面	1. 培养对界面构图的审美能力 2. 培养细致的观察能力
实训项目	1. 分析“自然堂”官方网站界面的布局与构图 2. 设计App引导页界面		

布局与构图是UI设计中的一个重要部分，恰到好处的布局与构图可以使界面变得自然、美观。本章将对UI设计的布局元素、UI设计的布局原则与UI设计的构图方法等相关知识进行详细介绍。

4.1 UI设计的布局元素

慕课视频

UI设计的布局元素

布局是指将界面中元素的尺寸、间距和位置等进行合理的分布和排列，使用户不仅能得到视觉上的享受，还能够快速找到自己需要的内容。下面将对UI设计的布局元素进行介绍。

4.1.1 留白

扩展图集

UI设计中留白的应用

留白是指在界面元素与元素之间，以及元素周围留出的空白，如文字间的空白，图片与文字间的空白，界面中各种图标、按钮以及其他元素间的空白等。留白并不意味着界面是白色的，也可以是纹理、图案等，简单来说，只要某区域没有任何文字、图像或其他装饰元素，就是留白。下面将对留白的相关知识进行介绍。

1. 留白的作用

留白是平衡界面的绝佳法宝，可以更加突出界面主题，提升视觉信息的传达效果。总地来说，留白在UI设计中主要有以下4个作用。

- 增添视觉美感。适当的留白能够反映出界面的极简特点，提高界面整体设计的基调，让一些复杂的界面看起来更简洁、自然、舒适，使界面的构成关系更加平衡，符合用户的审美认知。图4-1所示界面中的大量的留白就让界面显得更加美观。

- 增加视觉冲击力。过多的信息和元素会让界面显得混乱，用户的注意力也会被分散，从而造成不好的体验。界面留白可以增加重要内容的视觉冲击力，让用户只关注即时可见的内容。图4-2所示的界面中，冗余的元素被去除了，界面四周进行了留白处理，将主要信息集中在界面中间，增加了视觉冲击力。
- 引导用户视线。特定的留白可以让用户的视线从一个点自然地转向另一个点，为界面创造自然的视线流动，有效地引导用户视线。图4-3所示的界面即通过留白的文字区域来引导用户阅读。
- 提高界面内容可读性。在内容为王的互联网时代，界面内容的可读性非常重要。界面中的字间距与行间距都会对内容的可读性产生直接的影响，文字之间的间隔过大或者过小，其可读性都会降低。适当的留白可以更好地控制文字之间的间隔，提高内容可读性。图4-4所示的界面中，字之间、行之间的适当留白让界面中的文字内容更容易阅读。

图4-1　增添视觉美感　图4-2　增加视觉冲击力　图4-3　引导用户视线　图4-4　提高界面内容可读性

2. 留白的形式

设计人员要想在UI设计中合理地运用留白，还应了解留白的形式，下面将进行详细介绍。

- 视觉留白。视觉留白主要是指在图形、图标、主题或图片四周留有空白，突出视觉主体。
- 文字留白。文字留白主要是指在字之间、行之间以及段落文本之间留有空白，突出文字内容。
- 区块留白。区块留白是指在界面中每个区块与区块之间留有空白。区块与区块内容太紧密会不利于用户去区分它们之间的关系，导致信息获取出现障碍，因此区块间也需要有一定的留白，便于用户区分区块间的层次关系。
- 布局留白。布局留白是指界面中主体内容以外的空白区域。如设计人员在设计网站界面时可以设定一个宽度大小固定且居中显示的主体区域，并将重要的内容放置于该区域中，让主体部分与界面边缘能够留出一定间距的空白区域。图4-5所示界面中两边的空白部分即为布局留白，该留白不仅可以让用户的视线集中在主体区域，同时还有利于用户浏览。

图4-5　布局留白

4.1.2 视觉层次

扩展图集

UI设计中视觉层次的应用

对于用户来说，界面就是用户与产品之间的一种视觉层次上的交流，作为设计人员需要让用户在浏览界面的过程中准确地接收信息，并引导用户按照既定的方式与路线进行浏览。因此，视觉层次在UI设计中非常重要，不仅能够提高界面的使用率，还能够激发用户对产品的好感。提升界面的视觉层次感可以从以下4个方面来进行。

- 大小。大小是最常用的区分信息的方式之一，面积越大的元素在界面中的视觉层次越靠前，用户也越容易看到。图4-6所示的界面即通过文字的大小来区分主要信息（当日天气）和辅助信息（之后几天的天气），有利于用户快速找到自己需要的信息。
- 色彩。色彩本身就能形成鲜明的层次结构，如从色彩的冷暖来说，暖色的色彩在视觉层次中比较靠前，常用在界面中比较突出的部分；而冷色的色彩相对来说视觉层次比较靠后，与暖色搭配时，常用于传达次要信息。从用户的心理感受来说，红色、橙色和黑色等浓重的色彩更容易引起用户的注意，可用于界面需要重点突出的按钮部分；而白色、浅灰色等淡雅的色彩可用于界面不需要突出的部分或背景部分。除此之外，设计人员也会经常利用色彩明暗程度的不同来区分界面中的可操作部分和不可操作部分。图4-7所示的界面中，“同意”按钮的色彩明亮、显眼，是重点突出部分；相对来说，“取消”按钮的色彩明度比较低，是次要部分。
- 视线。一般来说，用户的阅读视线都是从左到右、从上到下。设计人员按照这种规律将重要的信息或常需要用到的信息放在用户最先能够浏览的区域，将次要信息放在用户之后开始浏览的区域，这样可以让界面更有层次感。图4-8所示的界面中，重要的内容都是从上到下分布的。

图4-6　大小上的视觉层次

图4-7　色彩上的视觉层次

图4-8　从上到下的视觉层次

- 间距。界面中元素的间距也可以形成视觉层次。一般来说，间距的大小会影响界面元素间的视觉层次：间距越小，视觉层次感越强；间距越大，视觉层次感相对越弱。图4-9所示的两个界面中，左图通过较大的间距将界面分为了多个板块，包括“精选福利”“热门讨论”“推荐活动”等，各板块间并没有太大的关联性，其视觉层次感也比较弱；右图为一个完整的板块，因此间距较小，界面整体布局更为紧凑，视觉层次感相对较强。

图4-9　间距排列上的视觉层次

4.1.3 分析案例——分析“佰草集”官方网站界面的布局元素

本案例将对图4-10所示的“佰草集”官方网站界面的布局元素进行分析，主要分析留白在界面中的作用与形式，以及视觉层次的展现方式，使读者能更好地进行界面布局，具体分析内容如下。

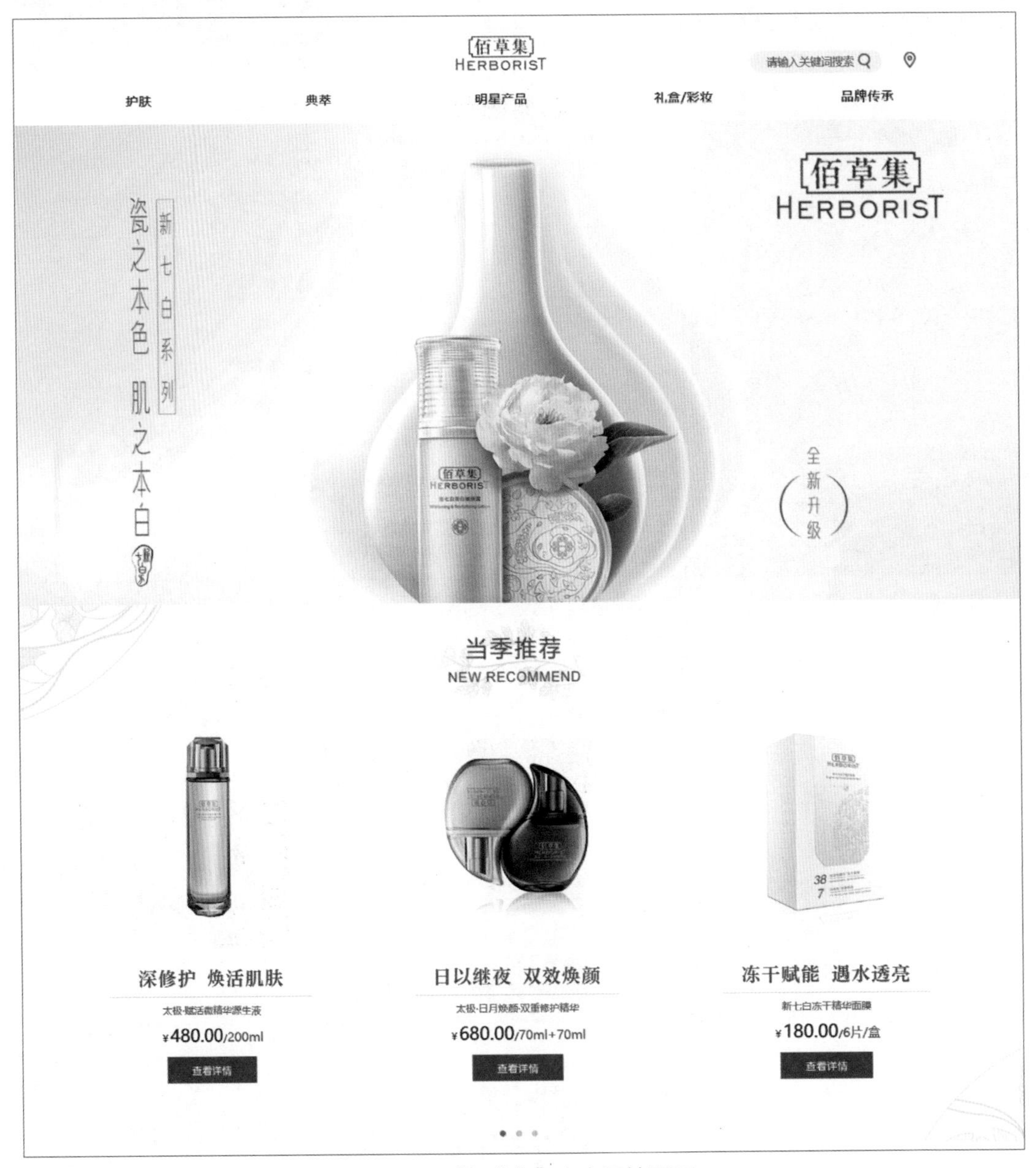

图4-10 “佰草集”官方网站界面

（1）从网站界面的整体来看，该界面采用了大量的留白，给人一种非常舒适、干净、美观的视觉感受。

（2）文字间的留白让界面信息更加直观，也提高了文字的可读性。如界面上方的“护肤”“典萃”“明星产品”等导航栏文字的间距较大，留有足够的空间。

（3）区块留白主要体现在界面第1屏和第2屏内容中，第1屏为网站的Banner（横幅广告）图部分，第2屏为“当季推荐”部分，通过留白将这两个区块进行划分，也便于用户区分不同的区块。

（4）该界面将主体内容集中在中间部分，两边都留有白色区域，该区域内没有任何的文字信息，即为布局留白。

（5）从图片的大小上来看，第1屏的图片较大，第2屏中的图片较小，因此该界面是通过图片的大小来突出视觉的层次感的。

（6）从文字的色彩上来看，该界面的主要文字为绿色，次要文字为黑灰色和白色。如第1屏中的“佰草集”等为主要文字信息，“护肤”等为次要文字信息；第2屏中的“深修护”等为主要文字信息，“查看详情”等为次要文字信息。该界面是通过文字的色彩来突出视觉的层次的。

扩展图集

分析“华为”官方网站界面的布局元素

（7）从用户的视线上来看，该界面将导航栏、Banner图等重要信息放在界面上方，将其他次要信息放在界面下方，符合用户的浏览习惯，也体现出了视觉层次感。

4.2 UI设计的布局原则

慕课视频

UI设计的布局原则

合理的布局可以使界面产生很好的视觉效果，从而吸引用户的注意力。设计人员在进行UI设计时，一般常会采用对齐、对比、重复、平衡、节奏与韵律5种布局原则，下面将分别进行介绍。

4.2.1 对齐原则

扩展图集

UI设计中对齐原则的应用

对齐原则是通过画面中元素之间的视觉连接来创建秩序感，使画面统一且有条理，有助于提高界面内容的可读性，更便于用户获取重要信息。根据对齐方式的不同，可将对齐原则分为3种类型，即左对齐、右对齐、居中对齐。

- 左对齐。左对齐是指以文本或整个界面的左边界线为基准，将文字或图片元素都移至左侧对齐，让界面信息的呈现更有条理性。相对于用户从左往右阅读的习惯来说，左对齐的界面比较符合用户的浏览习惯，如图4-11所示。
- 右对齐。右对齐是指以文本或整个界面的右边界线为基准，将文字或图片元素都移至右侧对齐。这种类型的对齐原则使界面的格式显得不那么呆板，图4-12所示的界面即图片元素统一为右对齐的界面。
- 居中对齐。居中对齐是指界面中的元素以界面中心为轴线进行排列，具有突出重点、集中视线的作用，可以更好地吸引用户的眼球，如图4-13所示。

图4-11　左对齐　　图4-12　右对齐　　图4-13　居中对齐

4.2.2 对比原则

对比原则是指为避免界面上的元素太过相似，通过对这些元素进行不同的设计使这些元素呈现出差别，如色彩对比、图文对比、方向对比、大小对比等。元素对比的目的有两个，一个目的是突出视觉重点，有助于用户对信息的接收，增加界面内容的可读性；另一个目的是增强视觉效果，吸引用户注意力。图4-14所示的网站界面即采用了大小和色彩的对比原则来进行产品分类。

扩展图集

UI设计中对比原则的应用

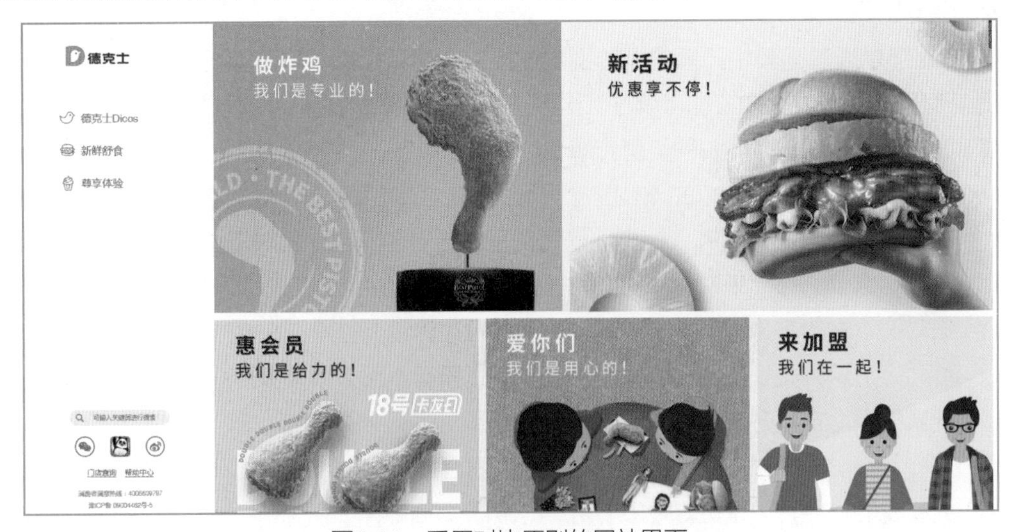

图4-14　采用对比原则的网站界面

4.2.3 重复原则

重复原则是指让界面中的视觉元素在画面中重复出现，可以选择界面中任意一个视觉元素进行重复，如字体样式与大小、色彩、装饰元素以及排版方式等。使用重复原则设计的界面较为平稳、有规律，具有强烈的形式美感，图4-15所示为采用重复原则的网站界面，该界面中的图片、排版方式等元素有序地重复出现。下面将介绍字体样式与大小、色彩、装饰元素、排版方式的重复。

- 字体样式与大小的重复。字体样式与大小的重复是指界面中使用相同的字体样式与大小，如App界面中标题都设置为相同的大小和粗细。
- 色彩的重复。色彩的重复是指界面中字体、图标、线条等元素的色彩保持一致，使整个界面的色彩非常统一、和谐。当然，在色彩一致的情况下，其形状、大小可有适当的变化。
- 装饰元素的重复。装饰元素的重复是指界面中的线条、图标等装饰元素所形成的重复，主要是为了加强界面与界面之间的联系。
- 排版方式的重复。排版方式的重复是指在视觉设计中重复地使用同一种排版方式，这种方式可以使整个画面产生统一、和谐、整齐的视觉效果。

图4-15 采用重复原则的网站界面

扩展图集

UI设计中重复原则的应用

4.2.4 平衡原则

扩展图集

UI设计中平衡原则的应用

平衡原则是指让界面轴线两侧的重量感保持平衡，让界面能够呈现出一种平衡稳定的状态。设计人员在设计时可利用视觉的大重小轻、近重远轻、图重文轻、深重浅轻等原则来平衡画面，如图4-16所示。

- 大重小轻。大重小轻是指界面中面积越大的元素视觉比重也就越大，反之，面积越小的元素视觉比重越小。
- 近重远轻。近重远轻是指界面中视线距离越近的元素视觉比重越大，反之，视线距离越远的元素视觉比重越小。

- 图重文轻。图重文轻是指界面中图片的视觉比重较大，文字的视觉比重较小。因此，设计人员在组合图片和文字时需要注意调整图片与文字的比重，这样才能让画面效果达到一种平衡的状态。
- 深重浅轻。所谓的深、浅是指界面中色彩的纯度、明度和透明度的变化，一般来说浓烈、鲜艳的色彩的视觉比重较大，颜色较浅的色彩的视觉比重较小。

图4-16　采用平衡原则的界面

平衡可分为对称平衡与不对称平衡。对称平衡是一种非常容易实现的平衡方式，主要表现在视觉上两边平等，对称的界面版式通常会给人一种正式、高雅、严谨、庄重的视觉感受；非对称平衡是在界面中呈现出一种不平衡的状态，但通过在版面上合理布局元素，能够使人的视觉感受达到平衡状态的平衡方式，它比对称平衡更加灵活生动。

4.2.5 节奏与韵律原则

节奏是按照一定的条理、秩序，重复性连续排列视觉元素所形成的一种律动形式，是一种富有规律的重复跳动。将界面中的视觉元素按一定的规律进行重复摆放，能带给用户视觉与心理上较为明确的节奏感。在节奏中注入强弱起伏、抑扬顿挫的规律变化，使之产生音乐中的旋律感，即为韵律。韵律不仅有节奏，还包含了设计人员的思想与情感，它能增强界面的感染力，给视觉带来丰富的起伏感。图4-17所示的网站界面将相同大小的产品图片有规律地摆放在一条直线上，产生了一种有序的变化，带给用户更加丰富的视觉感受。

图4-17　采用节奏与韵律原则的网站界面

扩展图集

UI设计中节奏与韵律原则的应用

扩展图集

分析京东App首页的布局原则

4.2.6 分析案例——分析手机App界面的布局原则

本案例将对图4-18所示的手机App界面的布局原则进行分析，以帮助读者更好地掌握界面的布局方法，具体分析内容如下。

图4-18　手机App界面

（1）从对齐原则上来看，第1个界面和第2个界面都采用了居中对齐的布局方式，让大量信息有序地进行集中展示；第3个界面采用了左对齐的布局方式，使界面文本更易于阅读。

（2）从对比原则上来看，第1个界面和第2个界面都采用了图文对比、色彩对比和大小对比。第1个界面和第2个界面中图片与文字对比搭配让产品信息的展示更加形象，能提升用户对产品的好感度；第2个界面中通过文字色彩的不同来区分文字的层级，如“#玩机小技巧分享”文字色彩比“帖子数：83”文字色彩更深，相应地其层级也更高；第1个界面中通过不同文字的大小对比将界面中的文字划分为不同的组群，如“推荐”“华为专区”等导航栏组群和“会员领券”“华为数码”组群。

（3）从重复原则上来看，这3个界面都采用了重复原则的设计方式。如第1个界面中的“华为超品日”文字下的图标重复出现；第2个界面中图片的大小和排版方式重复出现；第3个界面中的文字大小和排版方式重复出现。

4.3 UI设计的构图方法

慕课视频

UI设计的构图方法

在UI设计中，构图对用户体验会产生较大影响。好的构图能够让用户获得非常舒适的阅读体验，让用户对产品产生好感与兴趣；而杂乱无章的构图，往往会让用户对产品产生厌倦。下面将对UI设计中常用的几种构图方法进行详细介绍。

4.3.1 平衡构图

在UI设计中，界面的视觉平衡感是很重要的。一般情况下，为保证界面的视觉平衡，设计人员会使用左图右文、左文右图、上图下文、左中右三分等多种构图方式，以使界面整体的轻重感保持平衡。图4-19所示的界面即采用了上图下文的构图方式，上方为图片介绍，下方为文字展现；而图4-20所示的界面即采用了左中右三分的构图方式，左右两边为文字，中间为图片，界面整体看起来饱满平衡。

图4-19　采用上图下文的构图方式的界面

扩展图集

UI设计中平衡构图的应用

图4-20　采用左中右三分的构图方式的界面

4.3.2 放射式构图

扩展图集

UI设计中放射式构图的应用

放射式构图是指以主体物为核心，将主体物作为视觉的中心点并向四周扩散的一种构图方式。这种构图方式有利于突显位于界面中间的内容或功能点，同时产生一种导向作用，将用户的注意力快速聚集到要展现的主体物上。图4-21所示的3个界面都采用了放射式构图，可以让用户将视线集中在主体物上。

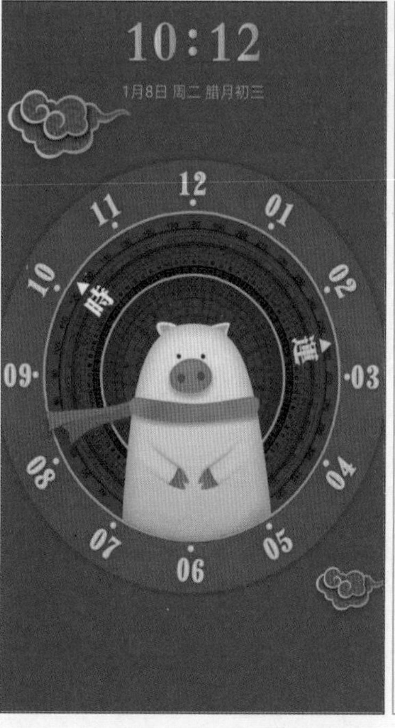

图4-21　采用放射式构图的界面

4.3.3 九宫格构图

九宫格构图也称“井”字构图，是指在画面上横、竖各画两条与边平行、等分边的直线，将画面分成9个相等的方块。UI设计中的九宫格构图主要运用于App的分类界面，可以让界面中的功能分区更加明确和突出，如图4-22所示。

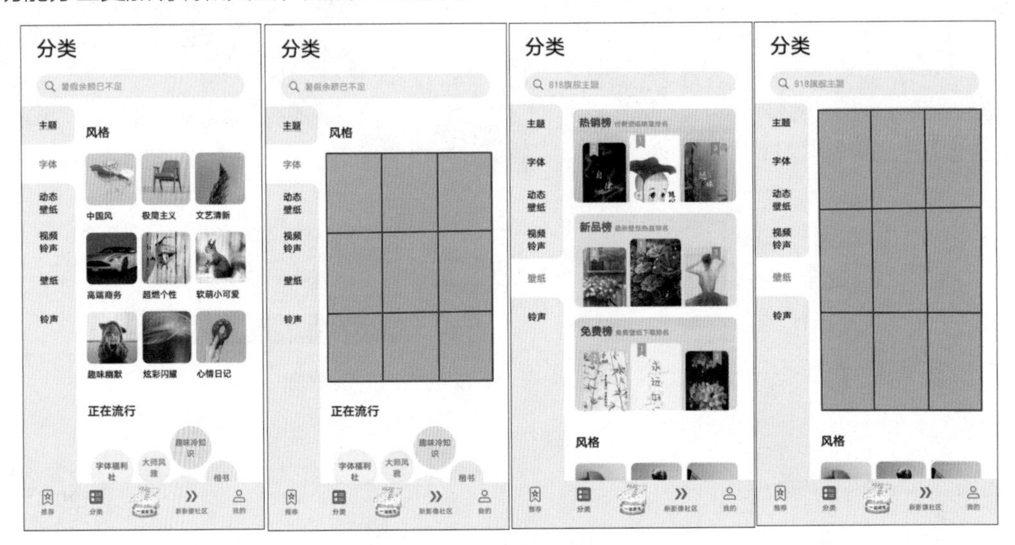

图4-22　采用九宫格构图的界面

另外，设计人员在利用九宫格的方式进行构图时要灵活处理，可以将多个格子组合成一个方块，打破界面的平均分割，使界面产生更加丰富的变化，调整界面节奏。图4-23所示的网站分类界面采用了不规则九宫格图，即没有严格地均分界面，而是使界面产生了一些变化，不仅简单明了地突出了网站信息，还能够呈现出意想不到的效果。

图4-23　采用不规则九宫格构图的界面

扩展图集

UI设计中九宫格构图的应用

4.3.4 三角形构图

三角形构图是通过以3个视觉中心为支点构成的几何面来让界面保持平衡稳定。其形式既可以是正三角形，也可以倒三角形或者斜三角形。三角形构图能让界面中的信息层级更加规整和明确。一般来说，UI设计中的三角形构图大部分都是图在界面上方，而文字描述在界面下方，呈正三角的形式，这种构图形式能带来稳定、均衡的视觉感受，同时，也便于用户阅读界面内容。图4-24所示的3个界面均采用了三角形构图。

扩展图集

UI设计中三角形构图的应用

图4-24 采用三角形构图的界面

4.3.5 F形构图

F形构图常用于Banner界面中，能让标题更加吸引视线，使整个界面更有张力，产品信息更为简单、明确。F形构图方式灵活多样，也符合用户的视觉审美要求。一般来说，F形构图中界面的元素为F的主干，左侧或右侧两部分元素为辅助内容，在设计时要注意元素的合理分配。图4-25所示的网站Banner界面即采用了F形构图。

扩展图集

UI设计中F形构图的应用

图4-25 采用F形构图的网站Banner界面

4.3.6 S形构图

扩展图集
UI设计中S形构图的应用

在进行UI设计时，对用户的视线动向的预测非常重要，把握好用户的视线动向可以让用户获得更加自然、舒适的阅读体验。S形构图在引导视线的作用上优势非常明显，它可以将图片和文字完美地结合在一起，再搭配大量的留白，能带给用户一种轻松、舒畅的感觉。一般来说，转角处是用户视线停留时间最长的位置，因此在使用S形构图时，设计人员都会将需要重点突出的信息放置在视线的转角处，这样会更容易给用户留下深刻印象。图4-26所示的界面即采用了S形构图来引导用户的视线，同时也增强了界面的平衡感。

图4-26 采用S形构图的界面

4.3.7 设计案例——用三角形构图设计App登录界面

慕课视频
设计案例：用三角形构图设计App登录界面

本案例将制作App登录界面，要求运用三角形构图原则，最后完成设计。

（1）启动Photoshop CC 2019，新建大小为750像素×1334像素、名为“App登录界面”的图像文件。打开“图层”面板，单击“创建新图层”按钮，新建图层。

（2）选择“矩形工具”，在工具属性栏的“填充”下拉列表框中，单击“渐变”按

钮■，设置渐变颜色为“#FF865A~#FF242A”，在图像中绘制大小为750像素×1334像素的矩形作为背景，效果如图4-27所示。

（3）选择“椭圆工具”◯，在工具属性栏的“填充”下拉列表框中，单击“渐变”按钮■，设置渐变颜色为“#FDB196~ #FE5155”，在图像中绘制大小为77像素×77像素的圆形，效果如图4-28所示。

（4）在图像中绘制一个渐变颜色为“#FF795B~#FF2428”、旋转渐变为“180”、大小为423像素×423像素的圆形，效果如图4-29所示。

图4-27　绘制渐变背景　　图4-28　绘制渐变圆形　　图4-29　绘制另一个渐变圆形

（5）复制步骤（4）绘制的圆形，在工具属性栏中修改复制圆形的旋转渐变为“-144”，并将其大小改为116像素×116像素，调整位置，效果如图4-30所示。

（6）新建图层，选择“钢笔工具”，在图像左侧绘制图4-31所示的形状，并设置填充颜色为“#FB361C”。

（7）新建图层，选择“钢笔工具”，继续在图像左侧绘制图4-32所示的形状，并设置填充颜色为“#FB513A”。

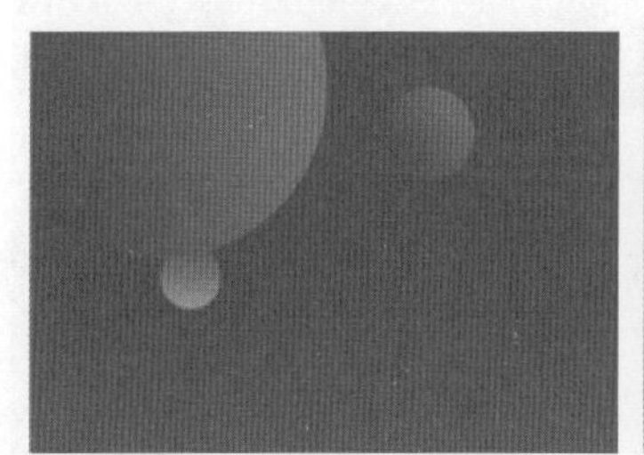

图4-30　复制渐变圆形

图4-31　绘制形状

图4-32　继续绘制形状

（8）新建图层，选择“钢笔工具”，在图像左侧绘制图4-33所示形状，并填充“#FF7859”颜色。

（9）选择步骤（6）~（8）所绘制的所有形状，按【Ctrl+G】组合键创建图层组，再按【Ctrl+J】组合键复制图层组，然后调整这两个图层组的大小与位置，效果如图4-34所示。

（10）选择“圆角矩形工具”，在图像中绘制一个填充颜色为“#FFFFFF”、半径为“30像素”的圆角矩形。然后复制一个圆角矩形，并修改复制的圆角矩形的“不透明度”为“50%”，调整大小与位置，效果如图4-35所示。

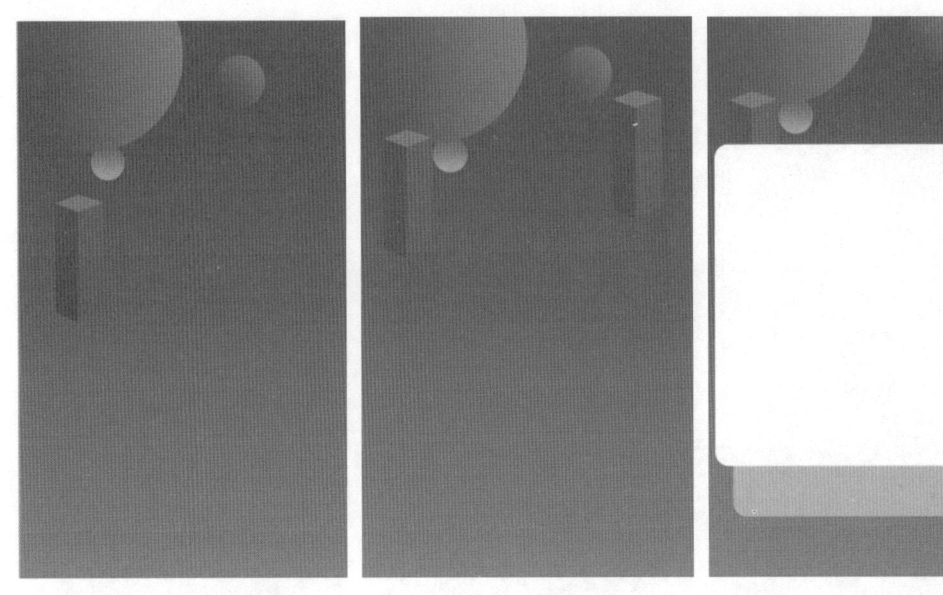

图4-33　绘制其他形状　　图4-34　复制形状　　图4-35　绘制圆角矩形

（11）选择“横排文字工具”，在白色矩形中输入“登录”文字，设置字体为“黑体”、文本颜色为“#FF6D00”、字号为“58点”。然后双击该文字图层，在打开的“图层样式”对话框中选中“渐变叠加”复选框，将渐变颜色设置为“#FF2B2D~#FF855A”，单击“确定”按钮，如图4-36所示。

（12）返回图像编辑区，查看渐变效果，如图4-37所示。

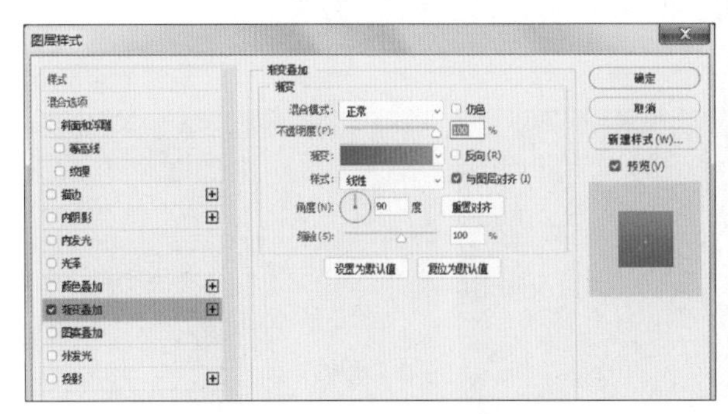

图4-36　设置“渐变叠加”参数

图4-37　查看渐变效果

（13）选择“圆角矩形工具”，在“登录”文字下方绘制两个填充颜色为“#EEEEEE”、大小为569像素×109像素、圆角半径为“30像素”的圆角矩形，效果如图4-38所示。

（14）选择“横排文字工具”，在两个圆角矩形中输入图4-39所示文字，设置字体为“黑体”、文本颜色为“#A4A4A4”、字号为“32点”。

（15）打开“登录素材.psd”素材文件（配套资源：\素材文件\第4章\登录素材.psd），将其拖曳到图像中，调整大小和位置，效果如图4-40所示。

图4-38　绘制圆角矩形

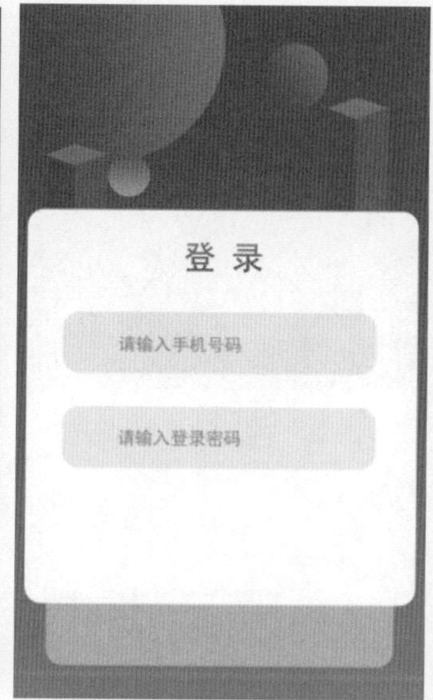

图4-39　输入文字

图4-40　添加素材

（16）选择“圆角矩形工具”，在工具属性栏的“填充”下拉列表框中，单击“渐变”按钮，设置渐变颜色为“#FF654B~#FF4735”，在图像中绘制大小为655像素×108像素、圆角半径为“54像素”的圆角矩形，如图4-41所示。

（17）双击圆角矩形所在图层右侧的空白区域，在打开的“图层样式”对话框中选中“投影”复选框，设置“不透明度”“距离”“扩展”“大小”分别为“44%”“3像素”“0%”“25像素”，单击“确定”按钮，如图4-42所示。

图4-41　绘制圆角矩形

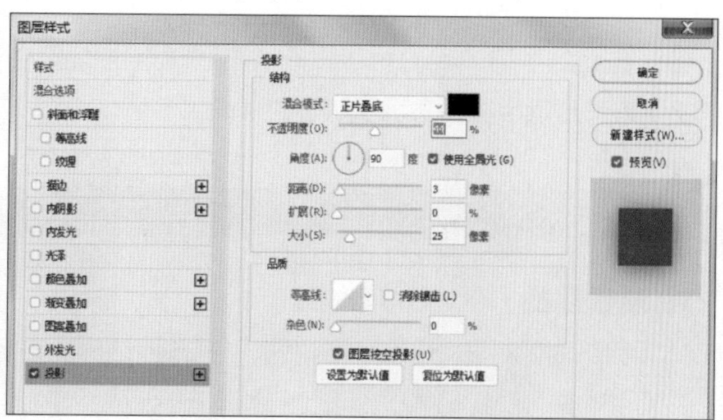

图4-42　设置“投影”参数

（18）选择“横排文字工具”T，在圆角矩形中输入“立即登录”文字，设置字体为“黑体”、文本颜色为“#FFFFFF”、字号为“50点”，如图4-43所示。

（19）选择“横排文字工具”T，在圆角矩形上方输入“忘记密码？”文字，设置字体为“黑体”、文本颜色为“#FF5E46”、字号为“30点”，如图4-44所示。

扩展图集

分析App开屏界面的构图

（20）选择“横排文字工具”T，在圆角矩形下方输入“还没有账号？点击立即注册”文字，设置字体为“黑体”、“立即注册”文字的文本颜色为“#FF4937”、其余文本颜色为“#FFFFFF”。完成后保存图像，查看完成后的效果（配套资源：\效果文件\第4章\App登录界面.psd），如图4-45所示。

图4-43 输入文字

图4-44 再次输入文字

图4-45 完成后的效果

4.4 项目实训

慕课视频

项目实训

经过前面的学习，我们对UI设计的布局原则与构图方法已经有了一定的了解，接下来通过项目实训来巩固所学的知识。

项目一 ▶ 分析“自然堂”官方网站界面的布局与构图

项目目的

本项目将对图4-46所示的“自然堂”官方网站界面进行赏析，主要分析该界面的布局与构图。该项目能够帮助我们掌握UI设计的基本布局原则与构图方法。

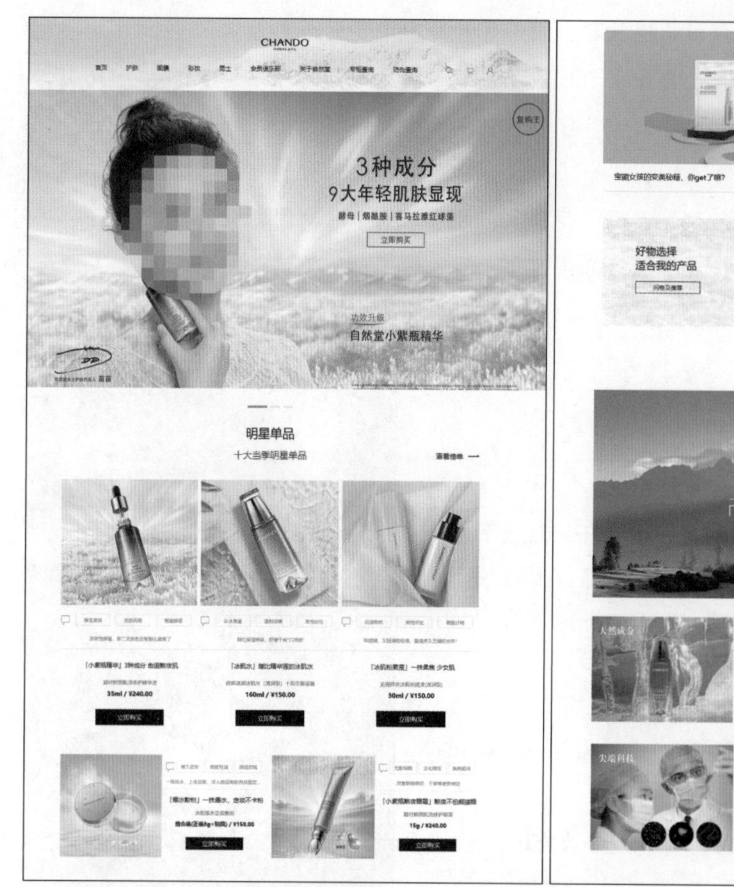

图4-46 “自然堂”官方网站界面

赏析思路

（1）从网站界面的整体呈现来看，该界面的布局与构图都非常合理，其内容清晰、直观，画面清爽、干净。

（2）从界面布局的留白来看，该界面的留白区域比较多，主要使用了文字留白、区块留白和布局留白3种形式。文字留白主要体现在界面中的产品介绍文字中，如“明星单品”板块下方的产品介绍类文字段落间距较大，清晰直观；区块留白主要体现在界面的不同板块分割处，如“明星单品”板块和“关于自然堂”板块与相邻板块间都有一定的空白区域；布局留白主要体现在网站的整体界面中，如网站界面两边都留有没有任何文字信息的空白区域，将主要信息集中在了界面中间。

（3）从界面布局的视觉层次来看，该界面层次分明、信息分类明确合理。如首页Banner图较大，而下方“明星单品”板块中的产品图片较小，二者对比突显出了视觉层次感。同时，该界面中文字的大小和色彩明度的高低也突显出了界面的视觉层次感。

（4）从界面的布局原则来看，该界面中的首页Banner图遵循的是左图右文的平衡式布局原

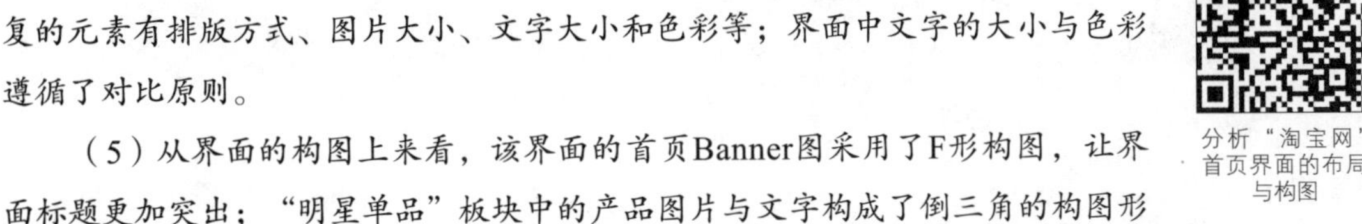

则，画面饱满充实；“明星单品”板块遵循了上图下文和居中对齐的布局原则；界面中的“明星单品”板块和“关于自然堂”板块都遵循了重复布局的原则，重复的元素有排版方式、图片大小、文字大小和色彩等；界面中文字的大小与色彩遵循了对比原则。

分析“淘宝网”首页界面的布局与构图

（5）从界面的构图上来看，该界面的首页Banner图采用了F形构图，让界面标题更加突出；“明星单品”板块中的产品图片与文字构成了倒三角的构图形式，可以让用户将视线集中在三角形下方的按钮处，从而引导用户点击购买产品。

项目二 设计App引导页界面

项目目的

本项目将设计App引导页界面，要在其中体现出节奏与韵律的布局原则。该项目能够帮助我们更加了解UI设计的布局原则与构图方法，参考效果如图4-47所示。

图4-47　App引导页界面

制作思路

（1）搜集图标素材（配套资源：\素材文件\第4章\图标素材.psd）。

（2）启动Photoshop CC 2019，新建大小为750像素×1334像素的图像文件。新建图层，设置前景色为“#117194”，并填充背景色。

（3）使用“钢笔工具”，绘制盒子形状，设置填充颜色为“#FFFFFF”。再使用“钢笔工具”，在盒子形状下方绘制一个填充颜色为“#0A4358”的四边形，设置“不透明度”为“40%”。最后为其添加图层蒙版，并使用“渐变工具”添加渐变阴影。

（4）选择“横排文字工具”，在图像相应的地方输入“文档分类，快速管理”“立即体验”文字，设置“文档分类，快速管理”文字的字体为“方正超粗黑_GBK”、“立即体验”文字的字体为“黑体”，所有文本的颜色为“#FFFFFF”。

（5）选择“圆角矩形工具”，在“立即体验”文字上绘制描边颜色为“#FFFFFF”的圆角矩形，调整大小与位置。

（6）选择“椭圆工具”，在图像上方绘制多个圆形，并设置不同的填充颜色，最后调整圆形的不透明度。

（7）在圆形中添加图标素材，最后保存文件（配套资源：\效果文件\第4章\App引导页界面.psd）。

思考与练习

1. 列举经典的UI设计，思考其中的布局原则与构图方法。
2. 查找资料，思考UI设计还有哪些构图方法。
3. 对图4-48所示的网站界面进行赏析，分析其布局原则与构图方法。

图4-48　网站界面

4. 运用本章所学的知识设计一款App界面，以巩固UI设计布局原则与构图方法的相关知识，图4-49所示为App界面参考效果（配套资源：\效果文件\第4章\App界面效果.psd）。

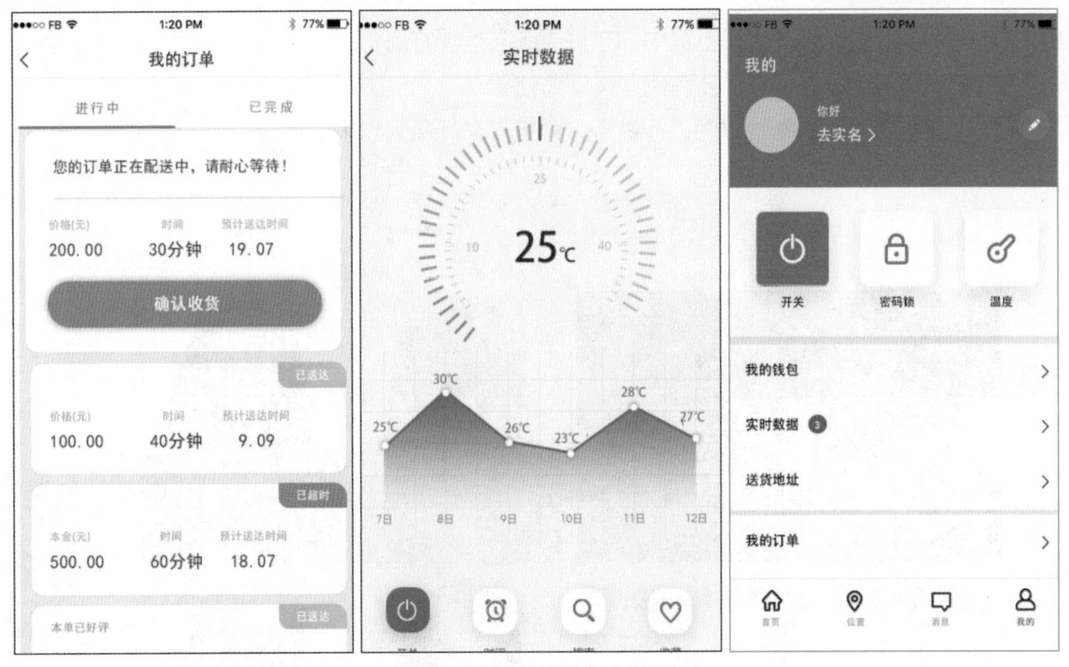

图4-49　App界面参考效果

Chapter 5

第5章 网页界面设计

学习引导			
	知识目标	能力目标	情感目标
学习目标	1. 了解网页界面的组成 2. 掌握网页界面Logo和按钮的设计方法 3. 掌握网页各个界面的设计方法	1. 能够设计旅行网的Logo 2. 能够设计旅行网的网页登录按钮 3. 能够制作旅行网的首页界面和内页界面	1. 培养对网站内容的规划与设计能力 2. 培养对网站各个内页界面的设计能力
实训项目	设计“多肉微观世界”登录页界面		

互联网的发展不仅需要在技术上求新求异，还需要在网页的视觉上迎合用户的审美需求。随着互联网的迅速发展，用户对网页的视觉美观性也提出了更高的要求。优秀的网页UI设计可以更好地诠释企业的品牌和形象，加深用户对企业的印象。本章将先认识网页界面，再对网页界面Logo和按钮的设计方法进行介绍，最后进行网页界面设计。

5.1 认识网页界面

慕课视频

认识网页界面

网页中的基本元素是相对单一的，如文本、图像、音频和视频等，但网页中的具体信息却包罗万象。下面先介绍网页界面的组成，再介绍常见的网页界面布局方式，最后对网页界面的设计要求进行介绍。

5.1.1 网页界面的组成

扩展图集

网页界面的组成元素

界面的视觉效果在很大程度上决定着用户对网页的整体印象，一个优秀的界面更容易赢得用户的好感。在进行界面设计时，需要先了解组成网页界面的各个部分。图5-1所示为一家风投公司官方网站的首页界面，该首页界面分为了导航栏、Banner、相关板块、页尾4个部分，下面分别进行介绍。

- 导航栏。导航栏主要对网页的类别进行显示，起到分类展现的作用。在进行导航栏设计时，需要将网页的类目显示出来，便于用户查看二级内容。图5-1所示的界面顶部即为导航栏，该导航栏主要由Logo和企业类目组成，用户只需单击类目链接，即可查看内容。
- Banner。Banner一般位于导航栏下方，主要展现网页的活动内容，如宣传活动、宣传广告、主推的商品等。Banner的视觉展现需要调动色彩、版式、字体、形式感等综合因素来营造视觉印象，它的画面不但要有较强的视觉影响力，而且要突出产品卖点。图

5-1所示的界面中的Banner由企业宣传广告和登录界面组成，不但起到了宣传企业的作用，而且有效地利用了页面，便于用户操作。

图5-1　风投公司的首页界面

- 相关板块。相关板块主要是对网页的主要内容进行展现，在设计该板块时应该遵循与网页整体风格相一致的原则，在主推内容的设计上要注意突出网页的风格主题以及主打系列商品，延续整个网页或品牌的色彩。从营销目的上来说，需要提炼功能卖点，直击消费者痛点，吸引其注意力。图5-1所示界面的中间区域对企业主要内容进行了展现，在其中不仅将企业的优势突显了出来，还通过公告、新闻等板块，展现了企业的实力。
- 页尾。页尾属于首页的结尾部分，在页尾中不但需要对首页内容进行总结，还需要添加分类信息，使其与导航栏对应，便于用户重新浏览网页。图5-1所示界面的最下方即为页尾，该页尾的左侧放置了二维码，中间区域则是网站重要内容的链接，右侧则展示了企业的联系方式，这不仅起到了宣传的作用，还便于用户查看企业信息。

5.1.2 常见的网页界面布局方式

常见的网页界面布局方式包括封面型布局、顶部Banner+栅格布局、单栏布局、“国”字形布局。

- 封面型布局。封面型布局的页面往往会直接使用一些极具设计感的图像或动画作为网页界面背景，并在此基础上添加一个简单的“进入”按钮。这种布局方式十分开放自由，如果运用得恰到好处，会给用户带来赏心悦目的感觉。图5-2所示为“支付宝”的首页界面，该首页采用封面型布局方式，以一张封面图占据界面大部分区域，用户只需单击对应的按钮即可进入其他网页界面。

图5-2 “支付宝”的首页界面

- 顶部Banner+栅格布局。顶部Banner+栅格布局的具体含义：顶部为导航栏和Banner大图，用于展现焦点内容；中间部分为主要内容区域，为3～5个分栏，用以展示不同类别的信息；页面底部展示企业的基本信息、联系方式和版权声明等，起到对网页界面内容补充说明的作用。无论用户浏览设备的屏幕尺寸有多大，使用这种布局方式都能充分展示界面所有内容，便于用户浏览和阅读。图5-3所示为一家净化器企业官方网站的首页界面，该首页采用了顶部Banner+栅格布局，上方的Banner起到点题的作用，中间的栅格板块则是对企业、产品等的介绍，帮助用户了解企业和产品，最下方则是对企业内容进行总结。

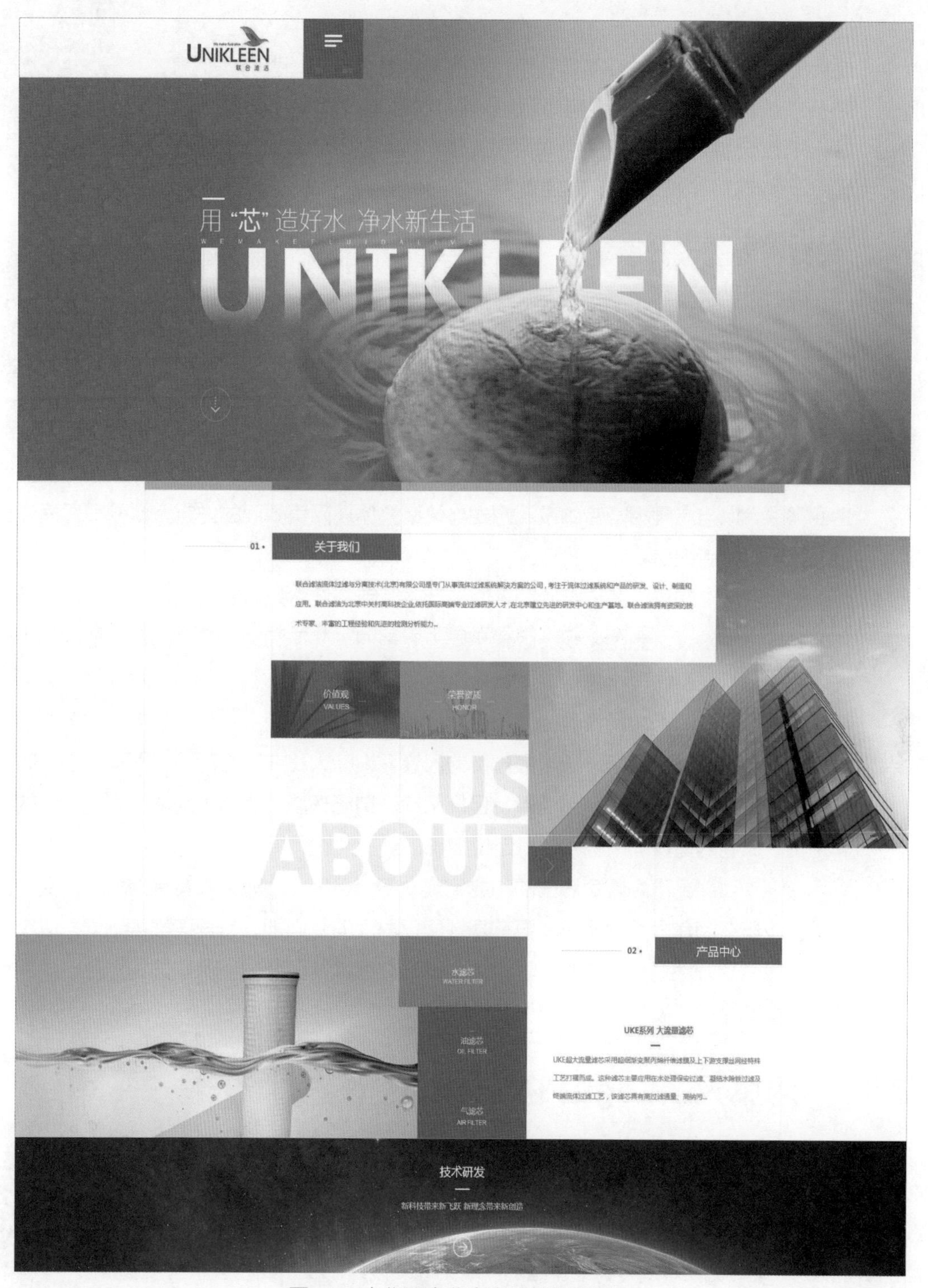

图5-3　净化器企业官方网站首页界面

- 单栏布局。单栏布局是以竖排单栏的形式对内容进行展现，常用于小型网站或小型项目的展示，用户只需滚动鼠标滑轮即可对内容进行浏览。
- “国”字形布局。“国”字形布局的网页界面通常会在页面最上方放置Logo、导航栏和Banner，然后对主体内容（分为左、中、右三大块，或是左、右两大块）进行展现，而页面底部则是企业的一些分类信息、联系方式等。图5-1所示的首页界面采用的便是“国”字形布局的方式，即上方为导航栏，中间为海报和主体内容，最下方为企业的分类信息和联系方式，内容直观，方便查看。

扩展图集

常见的网页界面布局方式

5.1.3 网页界面的设计要求

扩展图集

网页界面的特点

在了解了网页界面布局方式后，还需要对网页界面的设计要求有所掌握，避免制作网页界面时出现制作的效果不符合需求的情况。

- 主题鲜明。由于网页界面的主题不同，其主题展现的方法也不相同，如严肃新闻类网页采用图文结合的方式展现主题，而娱乐类网页则采用音乐和视频结合的方式展现主题。只有主题鲜明的网页界面才能获得用户的肯定，因此设计人员需要按照企业需求，以与主题相契合的设计方式与风格来体现网页界面的内容，使网页界面设计主题鲜明、特点突出。
- 合理的网页版式布局。在进行网页界面设计时，首先要做好版式布局，这样设计的效果才能既符合需求，又更加美观。版式布局主要是通过文字和图形结合的方式把网站中板块之间的有机联系体现出来，以达到最佳的视觉效果。
- 适合的网页界面风格。网页界面风格是对品牌形象、主营商品类型、服务方式等内容的集中体现，是影响用户第一印象最直接的因素。设计人员在进行网页界面视觉设计时一定要综合考虑品牌文化、商品信息、目标用户、市场环境和季节等因素，明确企业的品牌定位，做到网页界面风格和企业定位相统一。
- 搭配合理的页面元素。网页界面的构成元素众多，且每一个元素都有其独特的意义。因此设计人员在制作网页界面时，要在规划网页界面的基础上，合理搭配各元素，以突出重要信息，更好地对用户进行引导。如在设计商品推荐页面时，就应该选择企业中的爆款或新款商品进行展现，以集中引流，增加人气。

5.2 网页界面Logo和按钮设计

Logo会影响企业的品牌形象，在网页界面的设计中占据十分重要的地位。按钮不仅能起到提示作用，还能引导用户点击。图5-4所示商品采购与供应网站的网页界面顶部左侧即为Logo，该Logo采用企业的名称进行设计，体现了企业信息且增加了网页美观度。该界面中还包含了常见的“搜索”按钮、“登录”按钮和“注册”按钮等。

慕课视频

网页界面Logo和按钮设计

图5-4　商品采购与供应网站的网页界面

5.2.1 Logo设计标准与样式

Logo设计是网页界面设计时首先需要完成的工作，下面将对Logo的设计标准与样式进行介绍。

1. Logo的设计标准

Logo的设计标准主要有清晰、简单、色彩鲜明和展现定位4个。

- 清晰。在对Logo进行设计时，要求其呈现的所有元素都清晰，避免出现模糊不清的情况，否则会降低用户对展现内容的关注度。
- 简单。简单的Logo可以方便用户记忆。在进行Logo设计时，要挑选最具代表性的素材或文字作为Logo展现的主体，这样能更好地突出想要表达的内容。
- 色彩鲜明。在进行Logo设计时，选择的颜色不能过多，选择2～3种颜色或是同一色系的颜色为佳。另外，要尽量运用高饱和度和高亮度的颜色，这样设计效果才够美观；少用暗色，避免Logo看起来模糊不清。
- 展现定位。在进行Logo设计时，需要展现企业的定位，让用户看到Logo就能明确企业定位。

2. Logo的样式

Logo的样式分为文字Logo、图形Logo和图文结合型Logo 3种。

扩展图集

Logo的样式

- 文字Logo。文字Logo是以文字为表现主体，一般由企业名称的全称、缩写或者抽取个别有趣的字设计而成。图5-5所示为文字Logo。
- 图形Logo。图形Logo是利用图形表现企业特点，相对于文字Logo来说更为直观和富有感染力。图5-6所示为具有创意的图形Logo。
- 图文结合型Logo。图文结合型Logo是由图形与文字结合构成的，呈现文中有图、图中有文的效果。图5-7所示为图文结合型Logo。

图5-5　文字Logo

图5-6　图形Logo

图5-7　图文结合型Logo

5.2.2 按钮的类型和特点

扩展图集

按钮的表现形式

如今，网页中越来越多地使用按钮来增强页面的动态感和美观度，根据使用形式的不同，可将按钮分为静态按钮和动态按钮两种。

- 静态按钮。静态按钮指使用静态图像制作的按钮，其表现形式较为单一，不易引起用户的兴趣和注意。
- 动态按钮。动态按钮即当用户进行不同的操作时，按钮能够呈现出不同的效果，响应不同的鼠标事件。动态按钮一般有4个状态，即Up（释放）、Over（滑过）、Down（向下）和Over While Down（按下时滑过）。

除了动态按钮和静态按钮外，还有一种文本按钮。文本按钮多是将文字作为交互的按钮，通过点击文字实现页面的交互。

5.2.3 设计案例——设计旅行网Logo

慕课视频

设计案例：设计旅行网Logo

本案例将使用Illustrator CC 2019设计旅行网Logo，整个设计采用文字和矢量形状相结合的方式，先输入“D”文字，然后进行小狗形状的绘制。完成后的效果不但将企业的名称体现出来了，而且很美观，其具体操作如下。

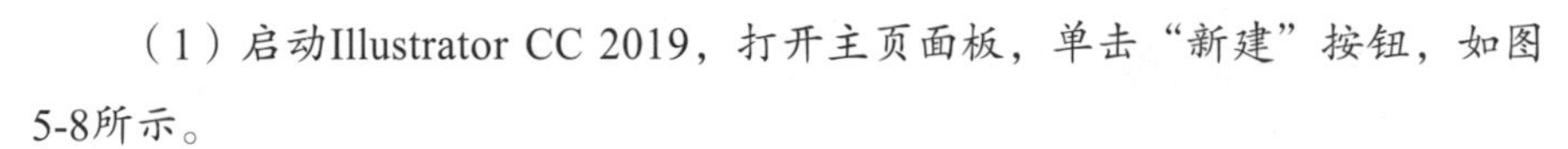

（1）启动Illustrator CC 2019，打开主页面板，单击“新建”按钮，如图5-8所示。

（2）打开“新建文档”对话框，设置“预设详细信息”“宽度”“高度”分别为“旅行网Logo”“300px”“300px”，单击“创建”按钮，如图5-9所示。

（3）在工具箱中，选择“椭圆工具”，在图像编辑区的中间区域单击鼠标左键，打开“椭圆”对话框，设置“宽度”“高度”分别为“140px”“140px”，单击“确定”按钮，即可完成圆的绘制，如图5-10所示。

（4）选择“窗口”/“色板”命令，在“色板”面板中设置填充颜色为“黄色”，并设置描边颜色为“无”，此时可发现绘制的正圆已经修改为设置的颜色，如图5-11所示。

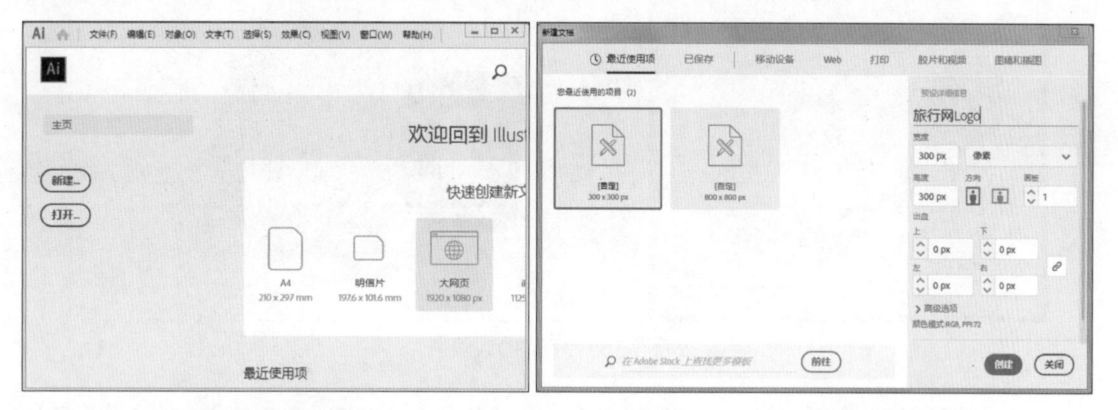

图5-8 新建文档

图5-9 打开“新建文档”对话框

图5-10 设置“椭圆”参数

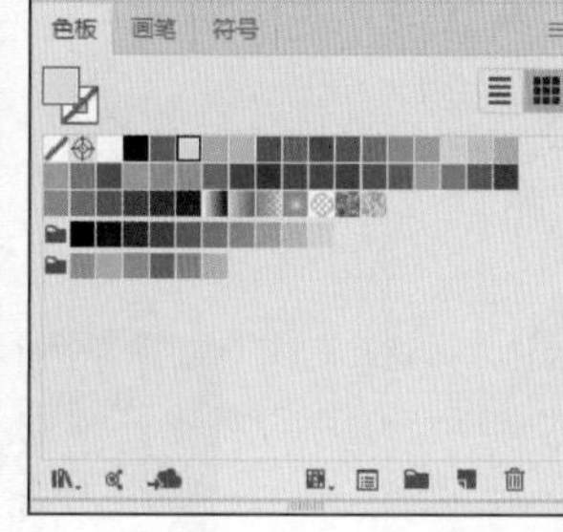

图5-11 修改填充颜色

（5）选择“文字工具” T，在正圆的左侧单击输入“D”文字，单击“填色”按钮，打开“拾色器”对话框，设置颜色为“#116E89”，单击“确定”按钮，如图5-12所示。

（6）按【Ctrl+T】组合键，打开“字符”面板，设置文本字体、字号、行距、字距分别为“方正超粗黑简体”“100pt”“120pt”“100%”，效果如图5-13所示。

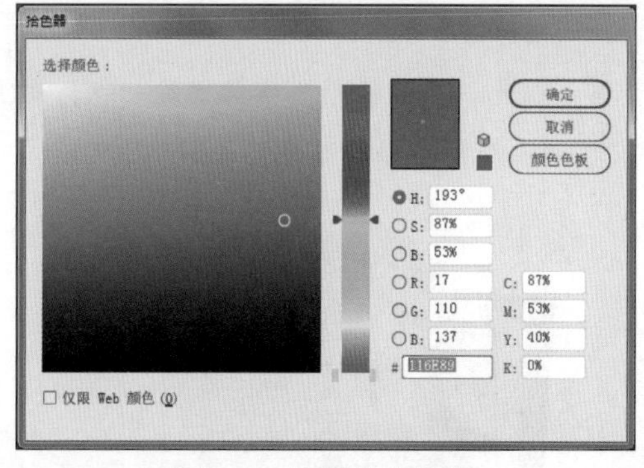

图5-12 设置填充颜色

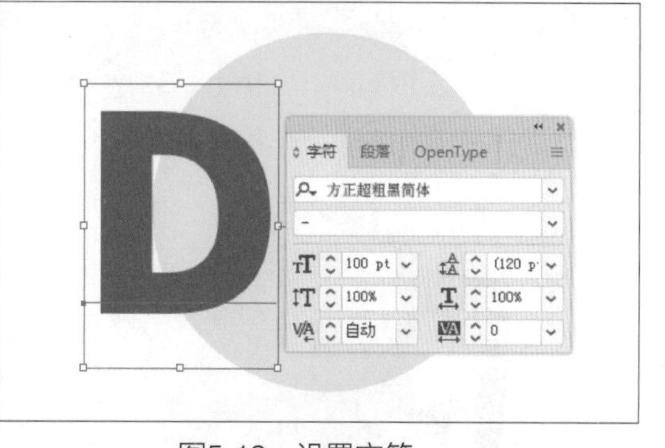

图5-13 设置字符

（7）选择“效果”/“3D”/“凸出和斜角”命令，打开“3D凸出和斜角选项”对话框，设置“自定旋转”分别为“-11°”“-22°”“7°”，然后设置“凸出厚度”“斜角”“高度”分别为“25pt”“经典”“4pt”，完成后单击“确定”按钮，效果如图5-14所示。

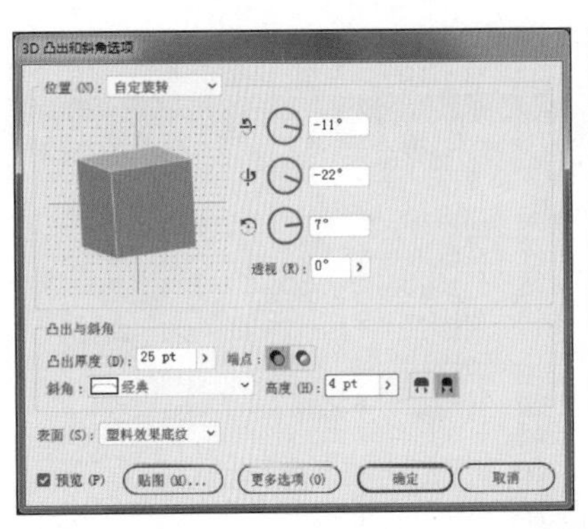

图5-14　设置3D效果

（8）选择“D”文字，选择“对象”/“扩展外观”命令，然后在文字的空白区域单击鼠标右键，在弹出的快捷菜单中选择“取消编组”命令，如图5-15所示。

（9）选择“直接选择工具”▷，然后选择文字最上方的图层，按【Shift+F3】组合键，打开“颜色参考”面板，设置颜色为“浅蓝色”，修改选择区域的颜色，如图5-16所示。

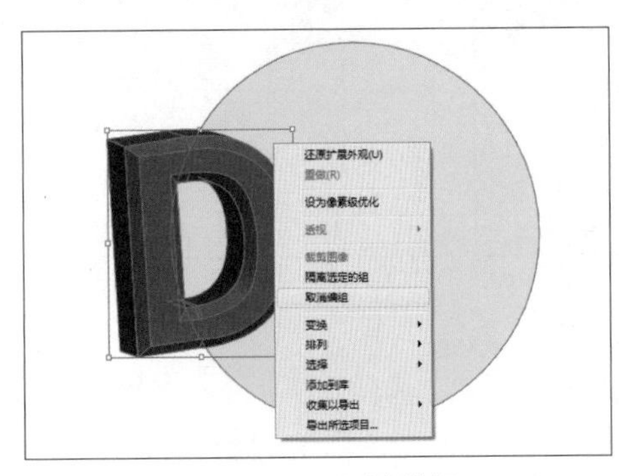

图5-15　取消编组

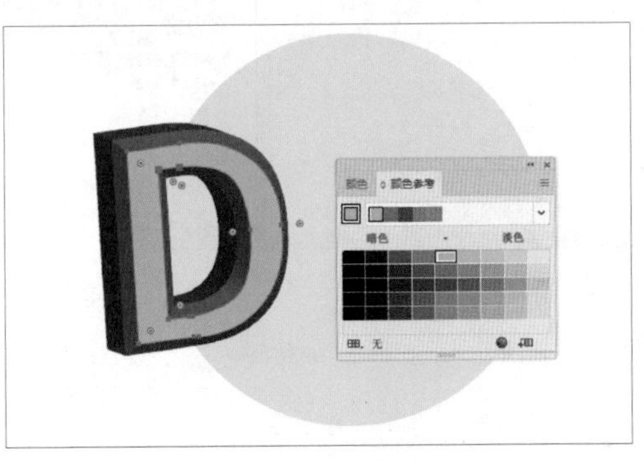

图5-16　修改颜色

（10）使用相同的方法，修改“D”文字其他区域的颜色，颜色值分别为“#0D94B3”“#0C5064”“#116E89”“#0E586E”“#0B4657”，如图5-17所示。

（11）选择“钢笔工具”，取消填充颜色和描边颜色，在图像的左下角确定一点，向上拖曳鼠标指针确定第二点，按住鼠标左键不放，上下移动以调整路径的弧度，如图5-18所示。

图5-17　继续修改颜色

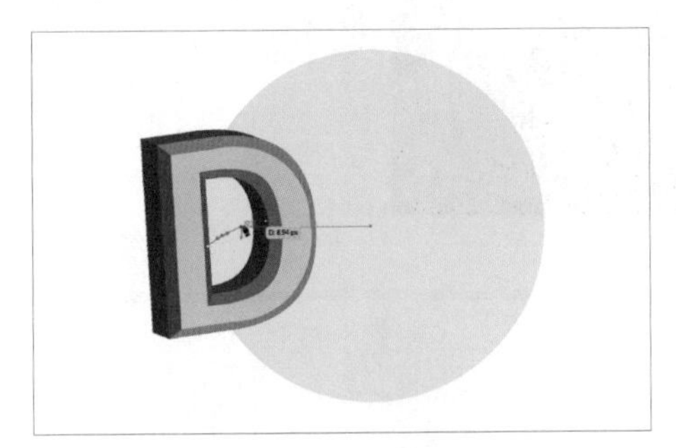

图5-18　绘制路径

（12）继续进行路径的绘制，将鼠标指针移动到第一个锚点上，当鼠标指针旁边出现小圆圈时，单击鼠标左键闭合路径，完成小狗路径的绘制，效果如图5-19所示。

（13）绘制完成后，如发现绘制小狗的路径过于生硬，可选择“锚点工具”，单击一个需要调整弧度的锚点，向上或向下拖曳鼠标指针，使其更加平滑，如图5-20所示。

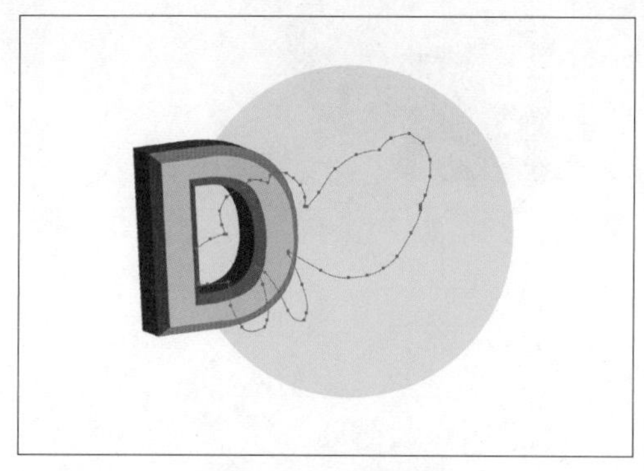

图5-19 绘制路径

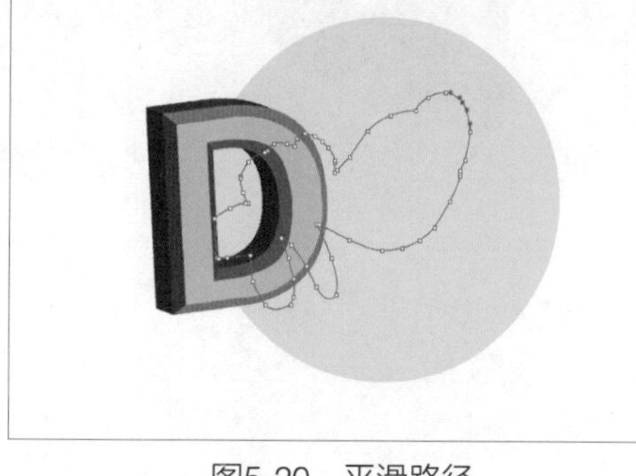

图5-20 平滑路径

（14）选择“选择工具”，选择路径，设置填充颜色为“#593512”，填充小狗的整体颜色，如图5-21所示。

（15）选择“钢笔工具”，在小狗路径的内侧绘制线条，并填充“#B3692A”颜色，完成后的效果如图5-22所示。

图5-21 填充小狗颜色

图5-22 绘制内侧线条

（16）选择“钢笔工具”，继续在小狗路径的内侧绘制线条，并填充“#964E1D”颜色，完成后的效果如图5-23所示。

（17）选择“钢笔工具”，绘制小狗的耳朵部分，并填充“#44260E”颜色，完成后的效果如图5-24所示。

（18）选择“钢笔工具”，绘制小狗的舌头部分，并填充“#AA0D28”颜色，完成后的效果如图5-25所示。

（19）在工具箱中，选择“椭圆工具”，在小狗的鼻子上绘制椭圆，并设置填充颜色为“#050200”，然后倾斜椭圆完成鼻子的绘制。

（20）选择“椭圆工具”，在鼻头的椭圆中绘制一个小椭圆作为鼻头，并设置填充颜色为“#FFFFFF”，然后倾斜小椭圆，完成后的效果如图5-26所示。

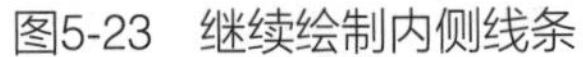

图5-23　继续绘制内侧线条

图5-24　绘制耳朵

图5-25　绘制舌头

图5-26　绘制鼻头

（21）使用相同的方法，选择“椭圆工具”，绘制作为眼眶的椭圆，并设置填充颜色为“#FFFFFF”，然后倾斜椭圆，完成后的效果如图5-27所示。

（22）选择“椭圆工具”，绘制眼球和瞳孔，并分别设置填充颜色为“#000000”“#FFFFFF”，然后倾斜椭圆，完成整个小狗的绘制，效果如图5-28所示。

图5-27　绘制眼眶

图5-28　绘制眼球和瞳孔

（23）选择“文字工具”，在小狗鼻子的下方输入“ewey”，然后在工具属性栏中设置文本颜色为“#000000”、字体为“方正胖娃简体”、字号为“30 pt”，效果如图5-29所示。

（24）按住【Ctrl+Alt】组合键不放向上拖曳鼠标指针以复制文字，然后将新文本颜色修改为“#29ABE2”，完成后效果如图5-30所示。

图5-29 输入文字

图5-30 完成后的效果

（25）选择所有图像效果，单击鼠标右键，在打开的快捷菜单中选择“编组”命令，完成后按【Ctrl+S】组合键，保存图像（配套资源：\效果\第5章\旅行网Logo.ai）。

5.2.4 设计案例——设计网页登录按钮

本案例将使用Illustrator CC 2019设计网页登录按钮，在设计时先添加网页背景，并输入文字，然后进行按钮的制作。完成后的效果不但美观，而且能够吸引用户点击，其具体操作如下。

慕课视频

设计案例：设计网页登录按钮

（1）启动Illustrator CC 2019，打开“新建文档”对话框，设置“预设详细信息”“宽度”“高度”分别为“网页登录按钮”“1920px”“1080px”，然后单击“创建”按钮。

（2）打开“网页登录背景.jpg”素材文件（配套资源：\素材\第5章\网页登录背景.jpg），将其拖曳到新建的页面中，调整大小和位置，如图5-31所示。

（3）选择“矩形工具”，拖曳鼠标指针绘制一个与图像编辑区相同大小的矩形，然后在工具属性栏中设置填充颜色为“#000000”、“不透明度”为“20%”，效果如图5-32所示。

图5-31 添加背景

图5-32 绘制矩形

（4）选择“圆角矩形工具”，设置圆角半径为“60像素”，绘制大小为580像素×120像素的圆角矩形。然后按【Ctrl+F9】组合键，打开“渐变”面板，双击最前面的渐变滑块，打开颜色调整面板，设置“渐变颜色”为“#103563”；再双击最后方的渐变滑块，设置“渐变颜色”为“#E9C9B6”。最后设置“类型”为“线性渐变”、“角度”为“-90°”，效果如图5-33所示。

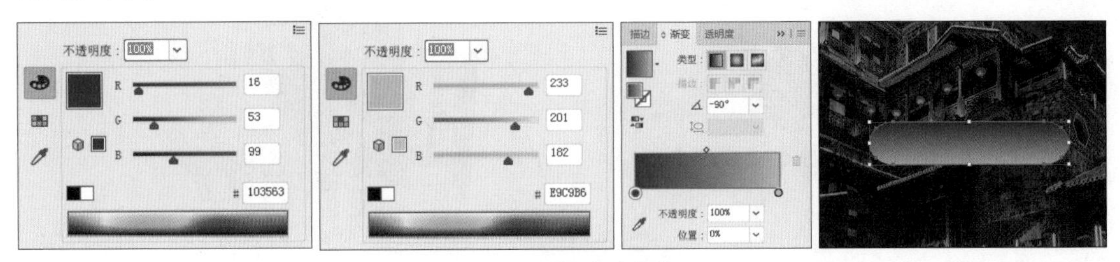

图5-33 设置渐变颜色

（5）选择“圆角矩形工具”，在圆角矩形的上方绘制大小为450像素×50像素的圆角矩形，打开“渐变”面板，设置“类型”为“线性渐变”、“角度”为“90°”，再设置渐变颜色为“透明~#BDCCD4”，效果如图5-34所示。

（6）选择“圆角矩形工具”，在圆角矩形的下方绘制大小为580像素×120像素的圆角矩形，打开“渐变”面板，设置“类型”为“线性渐变”、“角度”为“-90°”，设置渐变颜色为“#FFFFFF~透明”，效果如图5-35所示。

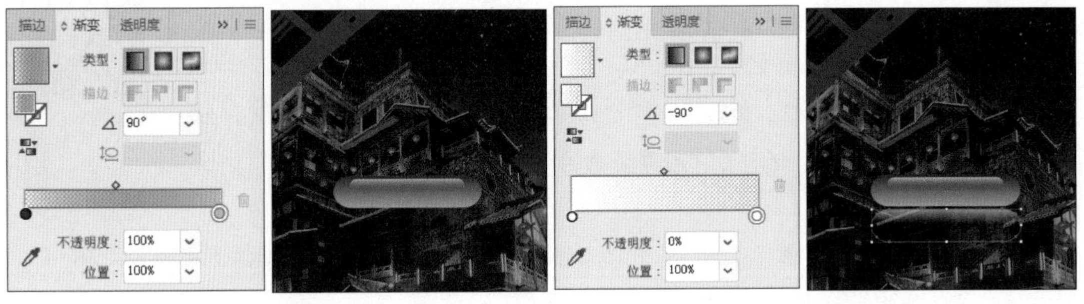

图5-34 制作高光　　图5-35 制作投影

（7）选择“文字工具”，在圆角矩形中输入“点击进入”文字，然后在工具属性栏中设置文本颜色、字体、字号分别为“#FFFFFF”“方正毡笔黑_GBK”“70pt”，效果如图5-36所示。

（8）打开“属性”面板，在“外观”栏中单击右下方的按钮，打开“外观”面板，单击“图形样式”选项卡，单击右上角的按钮，然后在打开的面板菜单中选择“打开图形样式库”/“文字样式”命令，打开“文字效果”面板，选择“边缘效果 1”选项，完成后的效果如图5-37所示。

（9）选择“文字工具”，在圆角矩形上方右侧输入“旅行生活!”文字，然后在工具属性栏中设置文本颜色、字体、字号分别为“#FFFFFF”“方正毡笔黑_GBK”“110pt”，效果如图5-38所示。

（10）选择“文字工具”，在圆角矩形上方左侧输入“畅想”文字，然后在工具属性栏中设置文本颜色、字体分别为“#FFFFFF”“方正毡笔黑_GBK”，最后再调整文字大小，完成网页登录按钮的制作，效果如图5-39所示（配套资源：\效果\第5章\网页登录按钮.ai）。

图5-36　输入文字

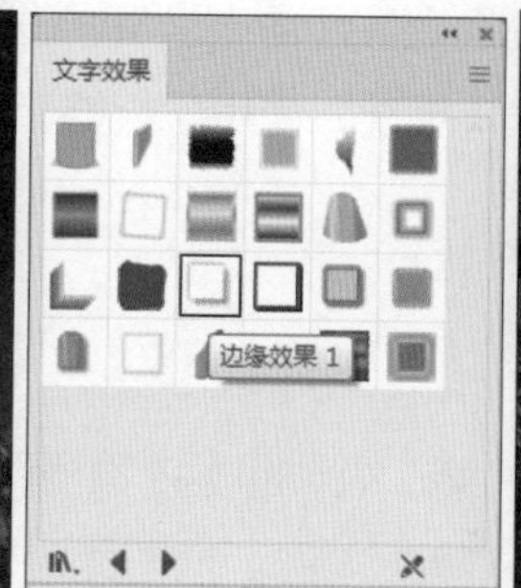

图5-37　设置文字效果

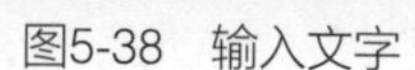

图5-38　输入文字

图5-39　完成后的效果

5.3　网页界面设计

网页界面是展示企业内容的主要平台，也是企业的门面，因此网页界面需要具有视觉吸引力，能使用户产生浏览、点击的欲望。下面将先介绍网页首页界面的主要功能，然后讲解网页内页界面设计的注意事项，最后对网页首页界面、网页内页界面的制作方法进行介绍。

慕课视频

网页界面设计

5.3.1　网页首页界面的主要功能

具有吸引力的网页首页界面不仅能树立品牌形象，还能展示商品信息、企业信息、优惠活动和企业文化等，下面将对网页首页界面的主要功能进行介绍。

- 树立品牌形象。网页首页界面可以非常直观地表现企业的风格，树立品牌形象，给每一位用户留下深刻的第一印象。
- 展示商品。网页首页界面中展示的商品主要是根据企业营销目标来确定的，通过首页界面将这些商品更好地展现在用户面前，不但能提升用户对商品的好奇心，而且能促进销售。
- 展示企业信息、优惠活动。网页首页界面是整个企业的门面，能很好地展示企业信息。为了突出企业信息和优惠活动，一般还可以将与之相关的信息放在首页中进行展示，这样能起到很好的推广与营销效果。

- 展示企业文化。网页首页界面还是展示企业文化的重要平台，在其中可对企业的文化、发展历史等进行展现，使用户能够了解更多企业信息。

扩展图集

网页页面类型

5.3.2 网页内页界面设计的注意事项

扩展图集

导航栏设计

网页首页界面在网站结构中常称为一级页面，与其有从属关系的页面为内页，又称二级页面，属于网页结构中的第二级。网页内页多用于对首页内容进行具体说明，因此在设计网页内页界面时需要注意以下事项。

- 设计网页内页界面的页头时，应将页头应用到所有页面，以便用户查看。
- 设计网页内页界面时，页面的导航栏不能删除，并且高度不能低于30像素。

5.3.3 设计案例——制作网页首页界面

慕课视频

设计案例：制作网页首页界面

本案例将使用Photoshop CC 2019制作旅行网网页首页界面，在设计时先将网页首页界面分为导航栏、Banner、相关板块、页尾4个部分，然后进行内容设计与制作，并采用顶部Banner+栅格布局的方式。设计出来的界面整体效果不但美观，而且展现的内容清晰易读，其具体操作如下。

（1）启动Photoshop CC 2019，新建“预设详细信息”“宽度”“高度”“分辨率”分别为“网页首页界面”“1920像素”“5000像素”“72像素/英寸”的图像文件。按【Ctrl+R】组合键，打开标尺，选择“矩形选框工具”，在工具属性栏中设置固定大小为“150像素”，然后在图像的顶部绘制矩形选框。

（2）在标尺处按住鼠标左键并向下拖曳，直到矩形选框边缘与参考线重合时，释放鼠标左键完成状态栏参考线的创建。选择“矩形工具”，在工具属性栏中设置填充颜色为“#EEEEEE”，绘制大小为1920像素×150像素的矩形。

（3）打开“旅行网Logo.ai”素材文件（配套资源：\素材\第5章\旅行网Logo.ai），将其中的Logo拖曳到矩形左侧，调整大小和位置，如图5-40所示。需要注意的是，由于素材是用Illstrator制作的，将素材拖曳到Photoshop中后，素材将以矢量智能对象的方式进行显示，若需要重新编辑，可双击该对象。

（4）选择“横排文字工具”，在图像的右侧输入图5-41所示的文字。在工具属性栏中设置中文字体为“方正经黑简体”、文本颜色为“#FFFFFF”，英文字体为“方正博雅宋_GBK”、文本颜色为“#140000”，然后调整文字大小和位置。

（5）选择“矩形工具”，在工具属性栏中设置填充颜色为“#AAAAAA”，在“DEWEY旅行”文字下方绘制矩形。并在下方文字前后添上竖线，如图5-41所示。

图5-40 绘制矩形并添加Logo

图5-41 输入文字并绘制矩形

（6）选择“横排文字工具”，输入图5-42所示文字。在工具属性栏中设置字体为“方正华隶_GBK”、文本颜色为“#140000”，再调整文字大小和位置，然后单击“仿粗体”按钮使文字加粗显示。

图5-42 输入文字

（7）打开“网页首页界面素材.psd”素材文件（配套资源：\素材\第5章\网页首页界面素材.psd），将其中的图标拖曳到图像右侧。

（8）选择“矩形工具”，在工具属性栏中设置填充颜色为“#FFFF00”，在“首页”文字处绘制大小为130像素×150像素的矩形，如图5-43所示。

图5-43 绘制矩形

（9）选择“矩形工具”，在工具属性栏中设置填充颜色为“#AAAAAA”，绘制大小为1920像素×750像素矩形。

（10）将打开的“网页首页界面素材.psd”素材文件中的Banner图拖曳到矩形上方，按【Ctrl+Alt+G】组合键，创建剪贴蒙版，如图5-44所示。

（11）选择“矩形工具”，在Banner图的左侧分别绘制大小为690像素×590像素、110像素×520像素、128像素×8像素、565像素×2像素、215像素×60像素的矩形，并分别设置填充颜色为“#FFFFFF”“#475769”“#4AD79C”“#FF6257”“#AAAAAA”，然后设置最大矩形的“不透明度”为“90%”，如图5-45所示。

图5-44 添加素材　　图5-45 绘制矩形

（12）选择“横排文字工具”，输入图5-46所示的文字。在工具属性栏中设置字体为“思源黑体 CN”，然后调整文字的大小、颜色和位置。

（13）选择“圆角矩形工具”，在工具属性栏中设置填充颜色为“#FFFFFF”，描边颜色为“#DFDFDF”，描边宽度为“3像素”，圆角半径为“10像素”，然后在“城市名”“时间/日期”文字下方绘制圆角矩形，并修改文字的文本颜色为“#E4E4E4”，如图5-47所示。

（14）选择“椭圆工具”，绘制不同大小的圆形，并设置填充颜色分别为“#4AD79C”“#AAAAAA”“#E7D5E5”，效果如图5-48所示。

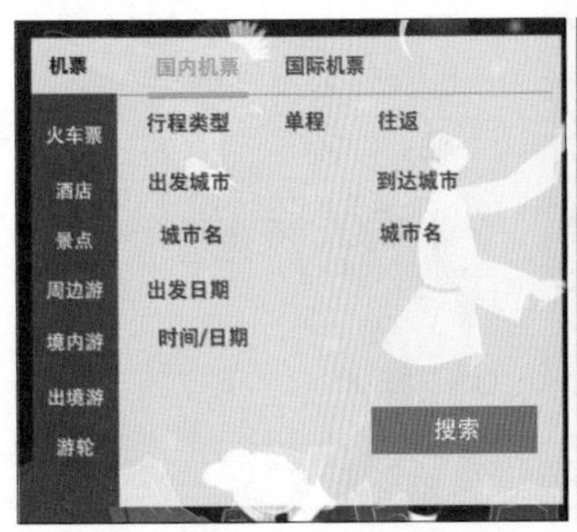

图5-46　输入文字

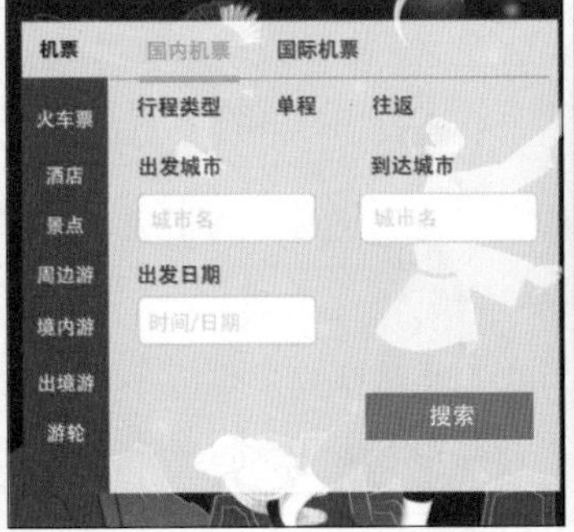

图5-47　绘制圆角矩形

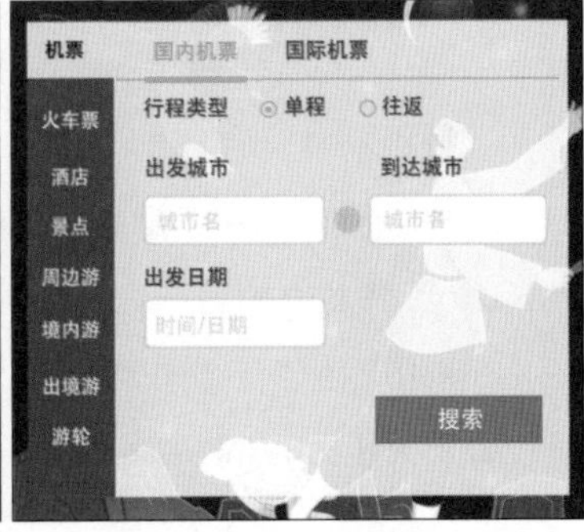

图5-48　绘制圆形

（15）选择“自定形状工具”，在工具属性栏中设置填充颜色为“#FFFFFF”，在“形状”下拉列表框中选择“箭头 9”选项，然后在圆上绘制箭头，效果如图5-49所示。

（16）选择“矩形工具”，在工具属性栏中取消填充颜色，设置描边颜色为“#AAAAAA”、描边宽度为“1像素”，在Banner的下方绘制3个大小为550像素×170像素的矩形。

（17）将打开的“网页首页界面素材.psd”素材文件中的图标拖曳到刚绘制的矩形上方，然后调整大小和位置。

（18）选择“横排文字工具”，输入图5-50所示的文字。在工具属性栏中设置字体为“思源黑体 CN”，然后调整文字的大小、颜色和位置，并对重点文字设置加粗显示。

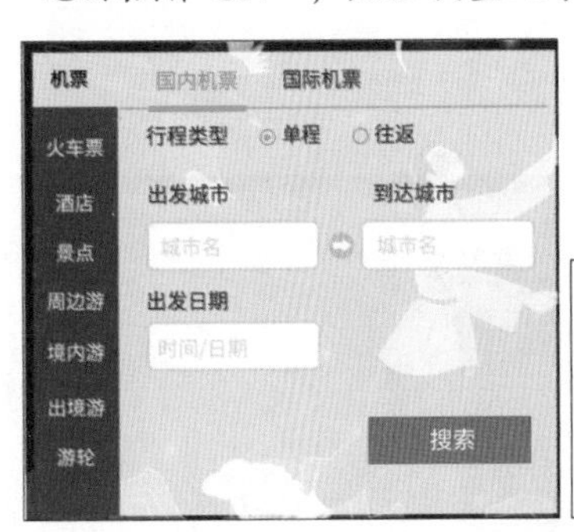

图5-49　绘制形状

图5-50　绘制形状并输入文字

（19）选择“矩形工具”，在文字下方绘制5个大小为560像素×700像素、2个大小为1120像素×700像素的矩形，设置填充颜色为“#E5E5E5”“#75A8C7”“#8F82BC”“#66CCD0”，效果如图5-51所示。

（20）将打开的“网页首页界面素材.psd”素材文件中的素材图片拖曳到矩形上方，再按图5-52所示调整大小和位置，然后按【Ctrl+Alt+G】组合键，创建剪贴蒙版。

（21）选择“横排文字工具”T，输入图5-52所示的文字，在工具属性栏中设置字体为“思源黑体CN”，然后调整文字的大小、颜色和位置。

图5-51　绘制矩形　　　　图5-52　添加素材并输入文字

（22）选择“矩形工具”□，绘制2个大小为405像素×396像素、2个大小为835像素×397像素、1个大小为415像素×809像素的矩形，并设置填充颜色为“#AAAAAA”，效果如图5-53所示。

（23）将打开的“网页首页界面素材.psd”素材文件中的素材图片拖曳到矩形上方，再按图5-54所示调整大小和位置，然后按【Ctrl+Alt+G】组合键，创建剪贴蒙版。

（24）选择“横排文字工具”T，输入图5-54所示的文字、在工具属性栏中设置字体为“思源黑体CN”，再调整文字的大小、颜色和位置。并在“热推”文字下方绘制填充颜色为“#4AD79C”、大小为50像素×6像素的矩形。

图5-53　绘制矩形

图5-54　添加素材并输入文字

（25）选择“矩形工具”，绘制大小为1920像素×460像素的矩形，再设置填充颜色为“#E5E5E5”。

（26）选择“横排文字工具”，在柜形中输入图5-55所示的文字，在工具属性栏中设置字体为“思源黑体CN”、文本颜色为“#0D0000”，然后调整文字的大小和位置，并对最上方的文字设置加粗显示。选择“直线工具”，按图5-55所示绘制颜色为“#A0A0A0”的竖线。

去旅行	寻优惠	看攻略	查服务	App
跟团游 自由行 公司旅行 当地玩乐	特卖 订酒店　返现金 积分商店 银行特惠游	攻略 游记 达人玩法	帮助中心 会员俱乐部 阳光保障 火车时刻表 航班查询	

图5-55　输入文字

（27）选择“自定形状工具”，在工具属性栏中设置描边颜色为“#4AD79C”、描边宽度为“10像素”，然后在“形状”下拉列表框中选择图5-56所示的形状，再在刚输入文字的左侧绘制形状。

（28）按【Ctrl+;】组合键隐藏参考线，然后按【Ctrl+S】组合键保存文件，完成本案例的制作，效果如图5-56所示（配套资源：\效果\第5章\网页首页界面.psd）。

图5-56　完成后的效果

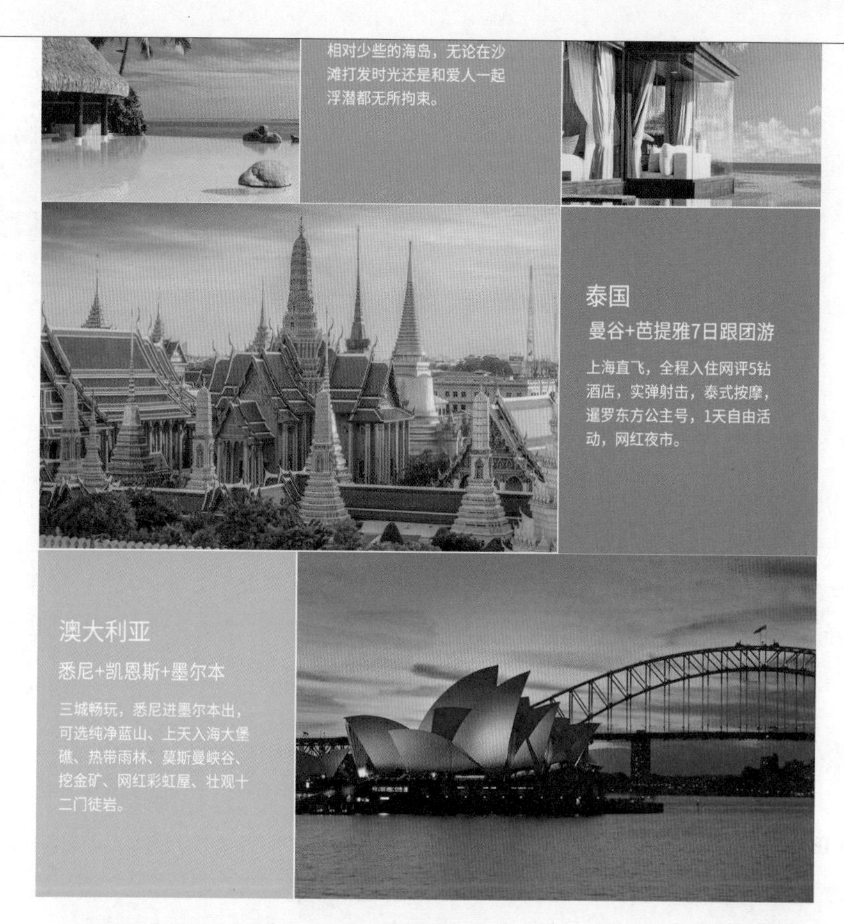

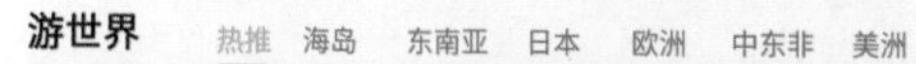

去旅行
跟团游 亲子行
自由行 蜜月游
公司旅行 海岛游
当地玩乐 旅拍

寻优惠
特卖
订酒店 返现金
积分商店
银行特惠游

看攻略
攻略
游记
达人玩法

查服务
帮助中心
会员俱乐部
阳光保障
火车时刻表
航班查询

App

图5-56 完成后的效果（续）

扩展图集

不同类型的网页
首页设计

5.3.4 设计案例——制作网页内页界面

慕课视频
设计案例：制作网页内页界面

本案例将使用Photoshop CC 2019制作旅行网网页内页界面，在设计时将采用顶部Banner+栅格布局的方式对“澳大利亚”旅游进行介绍，其具体操作如下。

（1）启动Photoshop CC 2019，新建“预设详细信息”“宽度”“高度”“分辨率”分别为“网页内页界面”“1920像素”“3120像素”“72像素/英寸”的图像文件。打开“网页首页界面.psd”图像文件（配套资源：\效果\第5章\网页首页界面.psd），将其中的导航栏拖曳到图像最上方，再调整大小和位置。

（2）选择“横排文字工具”T，输入图5-57所示的文字，在工具属性栏中设置“澳大利亚 Commonwealth of Australia”的字体为“方正经黑简体”、其他文字字体为“思源黑体 CN”，然后调整文字的大小和位置。

（3）选择“矩形工具”，在“首页”“住宿”文字处分别绘制大小为960像素×100像素的矩形，然后设置填充颜色分别为“#EEEEEE”“#F8F8F8”。选择“直线工具”，在“首页”“住宿”文字上方绘制颜色为“#434343”的横线，如图5-57所示。

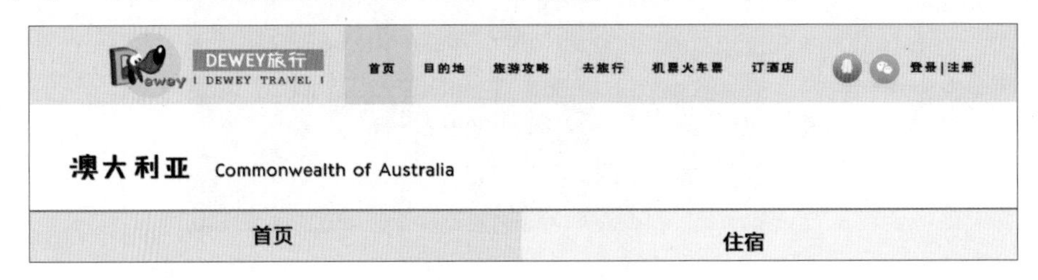

图5-57 制作标题区域

（4）选择“矩形工具”，在工具属性栏中设置填充颜色为“#A0A0A0”，在“首页”“住宿”文字的下方绘制大小为1920像素×600像素的矩形。

（5）打开“网页内页界面素材.psd”素材文件（配套资源：\素材\第5章\网页内页界面素材.psd），将其中的海景图片拖曳到矩形上方，按【Ctrl+Alt+G】组合键创建剪贴蒙版，如图5-58所示。

（6）选择“滤镜”/“模糊”/“高斯模糊”命令，打开“高斯模糊”对话框，然后设置“半径”为“10像素”，单击“确定”按钮，如图5-59所示。

（7）选择“矩形工具”，在工具属性栏中设置填充颜色为“#A0A0A0”，在海景图片的上方绘制大小为700像素×600像素的矩形。

（8）打开“网页内页界面素材.psd”素材文件，将图5-60所示的图片拖曳到绘制的矩形上方，调整大小和位置，再按【Ctrl+Alt+G】组合键创建剪贴蒙版。然后将素材中的3张小图依次添加到图像的右侧。

（9）选择“横排文字工具”T，输入图5-61所示的文字，在工具属性栏中设置字体为“方正兰亭粗黑_GBK”，再调整文字的大小、颜色和位置，如图5-61所示。

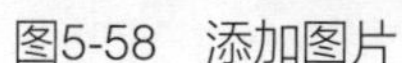

图5-58　添加图片

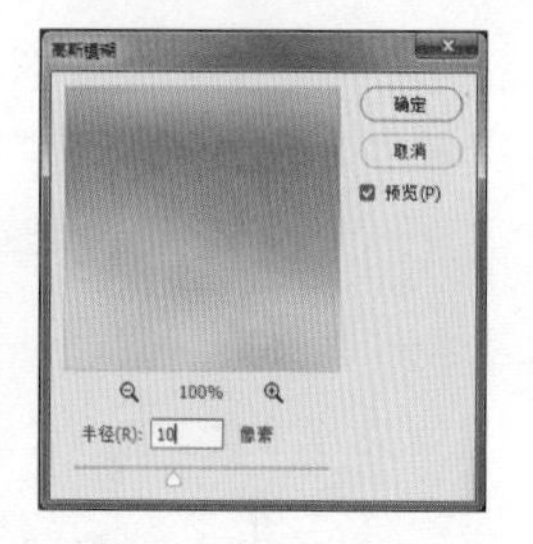

图5-59　添加高斯模糊

图5-60　添加素材

图5-61　输入文字

（10）选择“矩形工具”□，按图5-62所示绘制8个大小为425像素×430像素的矩形，取消填充颜色并设置描边颜色为“#E5E5E5”、描边宽度为“1像素”，然后在8个矩形上方分别绘制一个大小为425像素×280像素的矩形，并设置填充颜色为“#EDE8E8”。

（11）打开“网页内页界面素材.psd”素材文件，将图5-62所示的图片分别拖曳到矩形上，调整大小和位置，然后按【Ctrl+Alt+G】组合键创建剪贴蒙版。

（12）选择“横排文字工具”T，输入图5-63所示的文字，在工具属性栏中设置字体为“方正兰亭粗黑_GBK”、文本颜色分别为“#060000”“#646464”“#48B105”“#EB2511”“#B7B0B0”，然后调整文字大小和位置。选择“矩形工具”□，在工具属性栏中设置填充颜色为“#4CB308”，在“出境精选”文字下方绘制大小为136像素×4像素的矩形。

图5-62　绘制矩形并添加素材

图5-63　输入文字

（13）选择“矩形工具”□，在“澳大利亚玩法推荐”文字下方绘制4个大小为425像素×330像素的矩形，并分别设置填充颜色为“#EDE8E8”，然后将打开的“网页内页界面素材.psd”素材文件中的与“玩法”相关的图片拖曳到矩形上方，调整大小和位置，然后创建剪贴蒙版。

（14）选择“横排文字工具” T，分别在4张图片上输入图5-64所示的文字，在工具属性栏中设置字体为“方正兰亭粗黑_GBK”、文本颜色为“#FFFFFF”。

（15）打开“网页首页界面.psd”图像文件，将其中的页尾拖曳到图像的最下方，并调整其大小和位置，再按【Ctrl+S】组合键保存文件，完成本案例的制作，效果如图5-64所示（配套资源：\效果\第5章\网页内页界面.psd）。

图5-64 完成后的效果

扩展图集

不同类型的网页内页设计

5.4 项目实训——设计“多肉微观世界”登录页界面

项目目的

慕课视频

项目实训——设计“多肉微观世界”登录页界面

本项目将设计“多肉微观世界”登录页界面，登录页界面是一个单独的页面，属于网页内页。用户只需在首页中单击“登录”超链接，即可进入登录页界面，在该界面中包含了账号、密码和“登录”按钮。在制作时应先制作背景效果，再绘制登录框并添加对应的文字，完成后的参考效果如图5-65所示。

图5-65 “多肉”登录页界面参考效果

设计思路

（1）新建一个名称为“多肉微观世界登录页面”、大小为1920像素×1060像素、分辨率为“72像素/英寸”的图像文件。然后拖曳出3条水平参考线；在最上方输入文字，并在“字符”面板中设置字体、文本颜色分别为“思源黑体 CN”“#515C52”，调整大小和位置；使用“直线工具”在文字下方绘制一条直线。

（2）打开“多肉微观世界导航栏.psd”素材文件（配套资源：\素材\第5章\多肉微观世界登录页面\多肉微观世界导航栏.psd），将Logo和“搜索”文字拖曳到直线的下方，调整Logo的位置。绘制颜色为“#515C52”、大小为1370像素×500像素的矩形，将其拖曳到Logo的下方。

（3）打开“多肉2.psd”素材文件（配套资源：\素材\第5章\多肉微观世界登录页面\多肉2.psd），将其拖曳到绘制的矩形上，按【Ctrl+T】组合键打开变换框，并在其上单击鼠标右键，在打开的快捷菜单中选择“水平翻转”命令。

（4）在“图层”面板中单击鼠标右键，在打开的快捷菜单中选择“创建剪贴蒙版”命令，将图像置入矩形中，使其形成一个整体。

（5）在矩形的右侧绘制填充颜色为“#FFFFFF”、大小为460像素×390像素的矩形，然后打开“登录素材.psd”素材文件（配套资源：\素材\第5章\多肉微观世界登录页面\登录素材.psd），将其中的登录框拖曳到白色矩形的中上方。

（6）在登录框中输入相应的文字，并设置字体分别为“思源黑体 CN”，再调整字体大小和位置，然后从打开的“登录素材.psd”素材文件中将复选框拖曳到“自动登录”文字的左侧。

（7）使用“圆角矩形工具”在文字的下方绘制填充颜色为“#FDB900”、大小为375像素×48像素的圆角矩形，然后选择“图层”/“图层样式”/“描边”命令，打开“图层样式”对话框，设置“大小”“位置”“混合模式”“颜色”分别为“3”“外部”“正常”“#FDA700”。

（8）在“图层样式”对话框左侧列表中选中“内阴影”复选框，设置“混合模式”“颜色”“不透明度”“角度”“距离”“阻塞”“大小”分别为“正片叠底”“#FDA805”“75”

“-42”“5”“25”“40”。

（9）在“图层样式”对话框左侧列表中选中“渐变叠加”复选框，设置“混合模式”“不透明度”“渐变”“样式”“角度”“缩放”分别为“正常”“100”“#FD7815~#FDAd00”“线性”“90”“100”。

（10）在“图层样式”对话框左侧列表中选中“投影”复选框，设置投影的“混合模式”“不透明度”“角度”“距离”“扩展”“大小”分别为“正片叠底”“60”“-40”“8”“0”“3”，单击“确定”按钮。

（11）查看制作的登录按钮效果，并在其上输入“登录”文字，设置字体为“思源黑体CN”，调整字体的大小和位置。使用相同的方法，在登录框上方输入“用户登录”文字，并调整字体位置。

（12）在页面的下方绘制填充颜色为“#EEEEEE”、大小为1370像素×90像素的矩形，并在其上输入相应的文字和竖线，然后清除参考线并保存图像，完成登录页界面的制作，查看完成后的效果（配套资源：\效果\第5章\多肉微观世界登录页界面.psd）。

思考与练习

（1）一个名为“多肉微观世界”的网站是以提供各种多肉植物盆栽、种植理论知识和种植动态等资讯为主的分享类网站。首页是网站的门面，请设计该网站的首页界面。在设计时先制作企业Logo、banner区域，再设计导航栏、相关板块，最后制作页尾，完成后的参考效果如图5-66所示（配套资源：\效果\第5章\多肉微观世界首页界面.psd）。

图5-66　网站首页界面参考效果

（2）请设计“多肉微观世界”网站论坛列表页界面。该界面为网页内页，在设计时页头导航栏部分、banner区域和页尾与首页界面中对应部分相同，其主要的设计区域为页面中部，在制作时不仅要将论坛内容体现出来，还要使页面具备美观度。完成后的参考效果如图5-67所示（配套资源：\效果\第5章\论坛列表页界面.psd）。

图5-67　网站论坛列表页界面参考效果

Chapter 6

第6章 App界面设计

学习引导			
	知识目标	能力目标	情感目标
学习目标	1. 掌握App界面构成、布局形式等内容 2. 掌握App界面图标的设计方法 3. 掌握App首页界面的设计方法 3. 掌握App列表页界面的设计方法 4. 掌握App其他界面的设计方法	1. 能够设计2.5D绘画图标 2. 能够制作美食App首页界面、列表页界面、关注页界面和个人中心页界面	1. 培养对App界面的设计创意能力 2. 培养对App界面的审美与鉴赏能力
实训项目	设计旅游App搜索页界面		

App界面是指移动应用程序中使用的界面，设计合理的App界面不但能吸引用户浏览，还能提升用户对产品的好感度。本章将先认识App界面，再对App界面图标设计、App首页界面设计、App列表页界面设计等进行介绍，并根据App应用的具体内容对其他界面设计进行介绍。

6.1 认识App界面

慕课视频

认识App界面

App界面是常见的一种界面类型，主要用于展现App的内容。由于App界面以触控为主，因此App界面设计要在保证流畅的操作体验的同时，满足用户的审美需求。下面先认识App基本界面构成，再对App界面布局形式和设计要点进行介绍。

6.1.1 App基本界面构成

若要设计出一个兼具实用与美观的App界面，需要先了解App基本界面的构成，图6-1所示为“去哪儿网”App的各个界面，可发现其界面分为3个部分，分别是标题栏、信息展示区、底部导航栏。

- 标题栏。标题栏用于放置App的名称、Logo、“退出”按钮、相关界面信息等，如去哪儿网中的“去哪儿旅行”“去哪儿网”“个人中心”文字所在区域都属于标题栏。
- 信息展示区。信息展示区位于标题栏的下方，属于App界面的主要区域，在设计时可以根据App应用的具体内容进行合理的安排。

● 底部导航栏。底部导航栏位于App界面的底部，用于在不同的界面间进行切换，如“去哪儿网”App将底部导航栏分为了4个部分——“首页”“行程”“趣玩福利”“我的”，只需点击某一按钮，即可切换到对应的App界面中。

图6-1 “去哪儿网”App界面

高手点拨

除了前面讲解的App界面的3个部分外，在App界面的顶部还有状态栏。状态栏是手机系统自带的板块，用于显示手机的运行状态以及当前时间，主要包括使用通知、手机状态、网络信号、电量、时间等。在进行App界面设计时，状态栏并不是必需的元素，但是需要预留状态栏的位置，便于在后期使用应用时显示状态。在设计时可通过添加素材的方式，将该板块体现出来。

6.1.2 App界面布局形式

在进行App界面的设计与制作时，设计人员常常会先对界面进行布局，再进行设计与制作。合理的布局会让App界面显得更清晰、美观。常见的App界面布局形式一般是根据底部导航栏和信息展示区进行划分的，底部导航栏布局可以起到内容分类的作用，信息展示区布局则可以提升界面美观度。

1. 底部导航栏布局

在进行App界面布局时，可以通过调整导航栏，让App界面中的信息以最优的形式展现。常见的导航布局形式有顶部导航式布局、底部标签导航式布局、双导航式布局、抽屉导航式布局4种。

- 顶部导航式布局。顶部导航式布局指App界面的导航在界面顶部，用户可通过左右滑动界面来切换不同的导航选项卡。其主内容区域是一个动态面板，即当用户点击导航条目或者左右滑动界面时，就可切换主内容区域的内容。该导航布局形式具有减少界面跳转层级，使用户轻松地在各界面入口间频繁跳转的优点，常用于有很多列表内容的App界面设计，如图6-2所示。但若App界面的功能入口过多，该导航布局形式则会显得不实用。
- 底部标签导航式布局。 底部标签导航式布局是较常用的导航布局形式，主要用于对多个主要功能或应用进行划分，一般位于App界面底端，不超过5个模块，具有核心功能突出、功能展示直观等特点，如图6-3所示。

该App界面采用顶部导航式布局的方法，按音乐的类别对App内容进行分类，用户只需左右滑动界面即可切换到对应的类别中，操作简单方便。

图6-2 顶部导航式布局

该App界面将底部标签分为了“我的”“首页”“动态”3个部分，用户只需点击某一按钮，即可切换到相应的界面。

图6-3 底部标签导航式布局

- 双导航式布局。双导航式布局兼具顶部导航式布局和底部标签导航式布局的特点，常将使用频率最高的导航条目放于界面顶部，将大型类目放于界面底部，通过向左或向右滑动界面来切换界面内容，给用户带来更好的阅读体验，如图6-4所示。
- 抽屉导航式布局。抽屉导航式布局是指导航隐藏在界面左侧或右侧，用户可以通过滑动或拖动的方式来打开导航部分。这种布局适合界面中主内容较多，不想导航占据固定位置消耗空间的App，其缺点是需要设计一个明显的提示按钮来引导用户发现导航，如图6-5所示。

顶部导航，主要是对订单类目的类别进行展现，用户只需左右滑动界面即可查看界面内容。

底部导航，主要是对大的类别进行划分，单击某一按钮，即可切换到相应的界面。

图6-4　双导航式布局

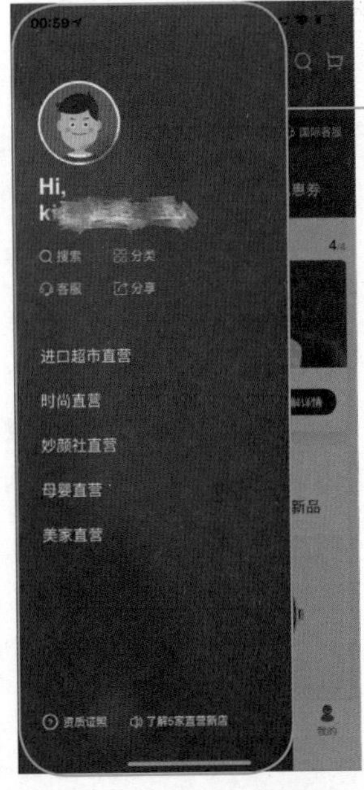

在该App界面中，点击人物头像，即可进入导航界面，其中显示了超市类目、搜索、分类、客服、分享等选项，用户只需要点击某一选项，即可进入相应的界面。

图6-5　抽屉导航式布局

2. 信息展示区布局

确定了App界面的导航后，还要根据内容对界面中间的信息展示区进行布局。常见的布局形式有宫格式布局、竖排列表式布局、手风琴式布局、图表式布局、大图展示式布局、图示式布局、热门标签式布局等。

- 宫格式布局。宫格式布局是App界面中最常见的布局方式。最早的宫格式布局为九宫格布局，如图6-6所示。随着App界面设计的不断演变，格子的数量不再有严格的规定，如果App的功能个数少于或多于9个，也可以改变界面横纵格子的数量，让布局更加合理。宫格式布局界面具有井然有序、间隔合理、呈现清晰的特点，用户可以通过宫格式布局快速查看和选择内容，视觉效果较好，如图6-7所示。
- 竖排列表式布局。由于手机屏幕的大小有限，因此设计人员在界面设计时多采用竖排列表式布局的形式对内容进行显示。列表可以包含较多的信息，在视觉上整齐美观，视觉流线从上向下，浏览便捷，用户接受度很高。列表长度没有限制，用户可以上下滑动界面查看更多内容，如图6-8所示。
- 手风琴式布局。手风琴式布局和竖排列表式布局很相似，但手风琴式布局的界面可展开显示二级内容，在不使用时，展开的内容也可以隐藏，如图 6-9所示。手风琴式布局的优势在于能够在一屏内显示更多内容细节，无须进行界面的跳转，既能保持界面简洁，又能提高操作效率。但需注意的是，在可展开二级内容的位置，其右侧通常会有一个向下的箭头来提示用户；在界面要发生跳转的位置，其右侧会有一个向右的箭头来提示用户。

该界面采用横向4格纵向2格的样式，整个界面按照类目对内容进行了合理的展现，整个内容也很清晰、直观。

该界面采用传统的九宫格布局样式，通过横纵各3格让整个界面布局合理，展现的内容更加直观。

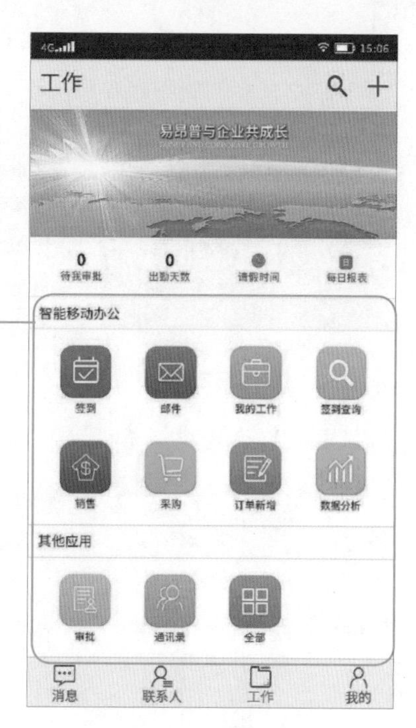

图6-6　九宫格布局

图6-7　宫格式布局

该界面采用手风琴式布局形式，只需点击下拉按钮即可在打开的下拉列表中查看列表内容，具有操作便捷、查看方便的特点。

该界面采用竖排列表式布局形式对内容进行展示，用户只需上下滑动界面即可查看展现的内容，点击对应内容的链接即可查看详细信息。

图6-8　竖排列表式布局

图6-9　手风琴式布局

- 图表式布局。图表式布局指界面用图表的方式直接呈现信息，使用户能够直接查看展现的内容，如图6-10所示。但是由于图表一般较大，因此其显示的详细信息往往有限。

- 大图展示式布局。大图展示式布局是指用大图填充整个界面，使界面效果更美观，多用于文艺类、旅行类和摄影类的App界面布局，如图6-11所示。

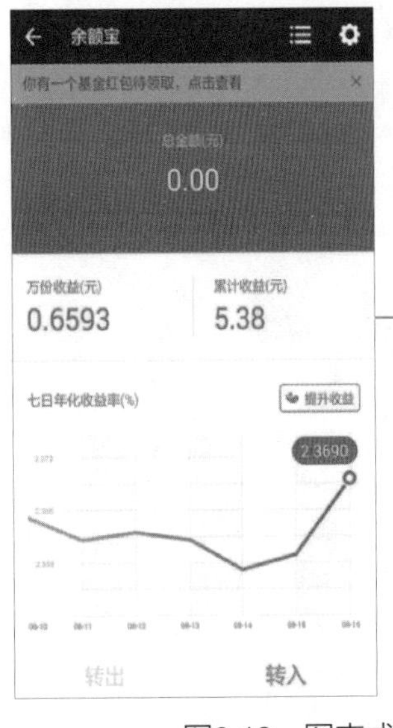

该图为支付宝中余额宝的界面，该界面布局选择了与自身比较契合的图表式布局，这种布局能直观详细地显示信息，很适合与数据、账单有关的 App。

图6-10　图表式布局

该界面采用大图展示式布局对旅行图片进行展现，不但将旅行的惬意感体现了出来，还起到了品牌宣传的作用。

图6-11　大图展示式布局

- 图示式布局。图示式布局是一种可视化布局，常常通过图文结合的方式将图片、文字、形状结合起来使其形成一个整体，其效果兼具图片的美观性和文字的说明性，是App界面设计中常用的一种布局方式，如图6-12所示。
- 热门标签式布局。对于元素过多，很难完全展示的界面，可使用热门标签式布局将多个关键词元素拼合成不同的形状，这样展现的效果不但美观，而且有趣味性，如图6-13所示。

该图为美食 App 界面，该界面采用图示式布局将图文内容展现出来，并在其中添加了图文结合的按钮，不但美观，而且表述明确，更具有识别性。

图6-12　图示式布局

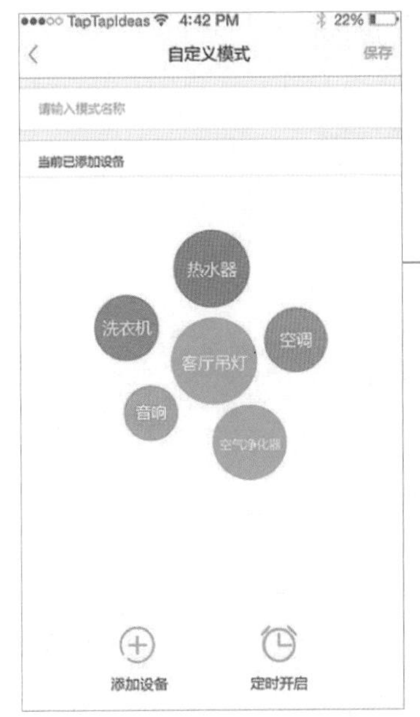

该图为设备控制 App 的界面，该界面采用热门标签式布局将每个关键词以圆的形式呈现，展现了丰富的内容，不但效果美观，而且还具有趣味性。

图6-13　热门标签式布局

6.1.3 App界面设计要点

设计人员在进行App界面设计时，需要展现App的特点和功能，使其能够更快、更准确地传递信息。App界面的设计要点主要包括以下4点。

- 要明确传达主旨。优秀的App界面首先要能够明确传达App的主旨，即App的主要功能。App界面是一个完整的整体，设计时整个内容必须由内而外地统一、协调。所以，色彩、图案、形态、布局等应与App的功能和主题相呼应，使界面中的每一个部分都能明确传达出App的主旨。
- 要保证功能的合理性。在进行App界面设计时，需要考虑App的使用特点，以保证App功能的合理性。因此在设计App界面时应尽量减少按键数量，使用户操作更加方便、流畅，以提升使用效率，保证用户都能获得良好的使用体验。
- 要清晰地展现信息层级。App界面设计可根据内容的主次，将信息区分为不同的信息层级，当用户点击该层级信息时，将自动跳转到该层级中，方便用户查看。在设计App界面时层级不要过多，因为移动应用使用环境更需要用户集中注意力，并在较短的时间内聚集核心信息，如果层级过多，会降低信息传达效率。
- 要具备美观性。优秀的App界面不但内容要表达明确，而且要具备美观性，只有具有吸引力的App界面才能吸引更多人浏览。在设计时可通过图像、形状和颜色的合理搭配来提升整个App界面的美观度。

6.2 App界面图标设计

慕课视频

App界面图标设计

设计人员在进行App界面的设计与制作前，需要先制作App界面的图标，因为一个好的图标决定了用户对App的第一印象。在设计图标前需要先认识App界面图标，再对App界面图标的类型和App界面图标的设计要点进行了解，最后才能有效地进行图标的设计与制作。

6.2.1 认识App界面图标

在使用手机等设备时，会发现不同功能和应用对应不同的图标，图6-14所示为天气类图标样式。这些图标不仅能展现应用信息，还比单一的文字描述更加明确、直观，极大地提升了App的视觉效果。

那么，什么是图标呢？图标是一组具有高度浓缩性、能快捷传达信息、便于记忆的图形，该图形既可以是图像，也可以是文本或Logo。在设计图标时，要注重图标的美观性和实用性，保证图标符合App界面的需求。图6-15所示为以年画为设计特点制作的图标，图6-16所示为根据应用程序的功能制作的图标。在进行图标设计时，只有对图标的使用环境、所要实现的功能有清晰的定位后，才能设计出辨识度高、易于用户理解的图标。

图6-14　天气类图标

图6-15　以年画为设计特点制作的图标

图6-16　根据应用程序的功能制作的图标

6.2.2 App界面图标类型

图标作为App界面中不可或缺的部分，是App界面设计的重点。从表达形式而言，图标主要可分为拟物化图标、扁平化图标、2.5D图标3种类型。

- 拟物化图标。拟物化图标即模拟真实物品的外形和质感，并通过叠加高光、纹理、材质、阴影等效果塑造事物质感，使展现的效果更具有直观性。拟物化图标最大的优势在于识别性强，能很好地传达需要展现的内容。但是该图标制作成本高，不宜普遍使用，图6-17所示为拟物化图标效果。

图6-17　拟物化图标效果

- 扁平化图标。扁平化图标指将“对象”本身作为核心突显出来，以关键点形状体现图标内容，在设计上以抽象的形状、极简的图形和符号为主。由于扁平化图标具有造型简单、易识别的特点，因此常被用于App界面的菜单栏中。在绘制同一界面的扁平化图标时应该注意外观的统一性和识别性，避免出现界面杂乱的情况，图6-18所示为扁平化图标效果。
- 2.5D图标。2.5D图标是介于拟物化图标和扁平化图标之间的一种图标样式，该图标没有拟物化图标那么复杂，又比扁平化图标立体，属于较综合的一种图标样式。图6-19所示即为2.5D图标效果。

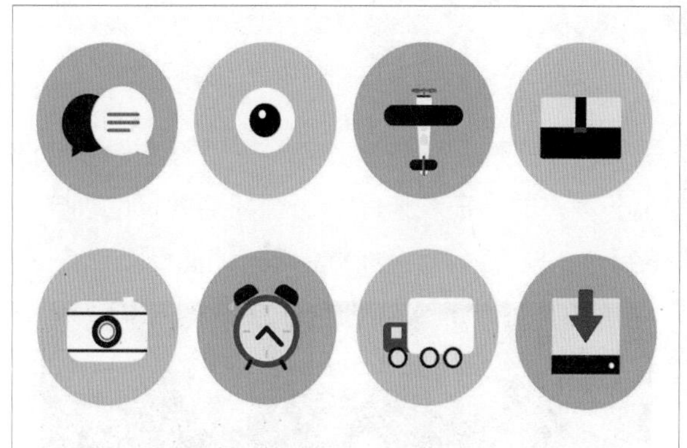

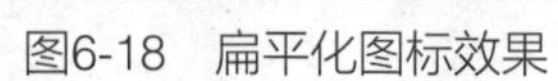

图6-18　扁平化图标效果

图6-19　2.5D图标效果

高手点拨

扁平化图标常分为面式图标和线式图标两种类型。面式图标指通过面与面的搭配使整个图标效果显得饱满，视觉平衡度较高；而线式图标则是通过线与线的搭配使整个图标更具有设计感，但需要注意统一图标线条的宽度以及线段的连接方式等。

6.2.3 App界面图标设计要点

在进行App界面设计时，除了需要掌握图标的类型外，还需要掌握以下App界面图标的设计要点。

- 具备识别性。在进行图标设计时，设计的效果要能准确地表达图标内容，避免出现误导性、歧义性。图6-20所示为一套图标效果，这套图标形状简单、效果简洁，通过图标即可识别其内容。
- 具备共性和差异性。只要用心观察就会发现，一组图标常常会出现在同一个手机的主题或同一个App中，这是因为图标具备共性。但是，强调共性的同时，不能忽略图标与图标之间的差异性。因为每个图标代表的含义和操作是不相同的，如果过于强调共性，就会弱化差异性，从而分不清各个图标之间的区别。因此，在设计图标时，要有合理的规划，既要强调共性，又要突出差异性。图6-21所示的图标兼具共性和差异性，这些图标采用相同的色彩体现共性，通过图形的不同体现差异性。

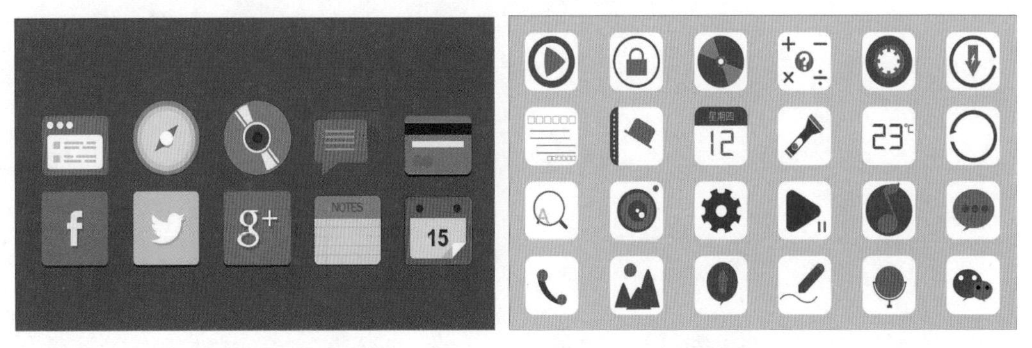

图6-20　具有识别性的图标效果　　图6-21　兼具共性和差异性的图标效果

- 风格统一。图标风格的统一包括图标题材的一贯性和独特性的统一、图标主题思想的统一、图标形象的统一、图标风格的统一等方面。在制作图标时，只要图标的视觉设计统一、选用元素统一，即可视为风格统一。图6-22所示为风格统一的图标。

图6-22　风格统一的图标效果

高手点拨

图标的风格有很多种，在设计图标之前，首先要考虑风格定位，如要设计的图标是简约的，还是精致的；是平面的，还是立体的；是古典的，还是现代的；是写实的，还是卡通的；等等。只有先将风格定位做好，才能有效地进行图标的设计与制作。

6.2.4 设计案例——设计“书画应用”2.5D图标

本案例将设计“书画应用”2.5D图标，在设计时先绘制图标形状，然后绘制毛笔形状。完成后的图标效果不但简洁美观，而且主题鲜明，其具体操作如下。

（1）在Photoshop CC 2019中新建“预设详细信息”“宽度”“高度”“分辨率”分别为“扁平化图标”“300像素”“300像素”“300像素/英寸”的图像文件。

（2）选择“圆角矩形工具”，在工具属性栏中设置填充颜色为“#93AED6”、圆角半径为“24像素”，然后在图像编辑区中绘制大小为144像素×144像素的圆角矩形，效果如图6-23所示。

（3）将前景色设置为“#6578A2”，新建图层，选择“钢笔工具”，在圆角矩形中绘制墨点路径，绘制完成后按【Ctrl+Enter】组合键将路径转换为选区，再按【Alt+Delete】组合键，填充前景色，效果如图6-24所示。

（4）按【Ctrl+J】组合键复制图层，按住【Ctrl】键不放，单击复制的墨点图层前的缩览图，载入选区。然后选择“渐变工具”，在工具属性栏中单击“点击可编辑渐变”按钮，打开“渐变编辑器”对话框，设置渐变颜色为“#3F4F71~#6E83B1”，单击“确定”按钮，如图6-25所示。

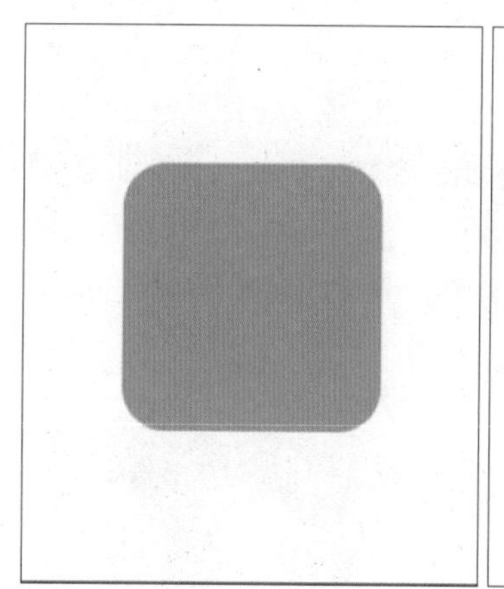

图6-23　绘制圆角矩形

图6-24　绘制墨点形状

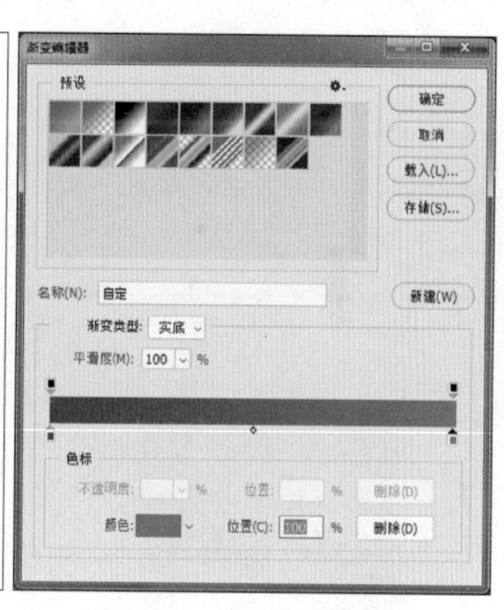

图6-25　设置渐变颜色

（5）在工具属性栏中单击“线性渐变”按钮，在图像编辑区中，自上而下拖曳鼠标指针以添加渐变效果，效果如图6-26所示。

（6）将前景色设置为“#FFF3BC”，新建图层，选择“钢笔工具”，在圆角矩形中绘制毛笔笔头路径。绘制完成后按【Ctrl+Enter】组合键将路径转换为选区，再按【Alt+Delete】组合键填充前景色，效果如图6-27所示。

（7）将前景色设置为“#233665”，新建图层，选择“钢笔工具”，在毛笔笔头的上方绘制笔斗路径。绘制完成后按【Ctrl+Enter】组合键将路径转换为选区，按【Alt+Delete】组合键填充前景色，效果如图6-28所示。

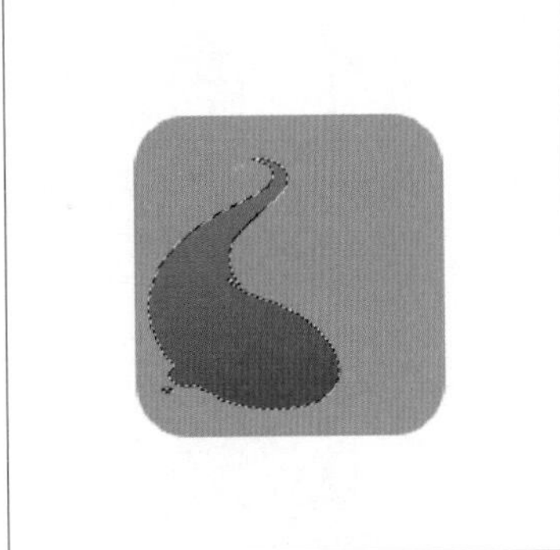
图6-26　添加渐变效果

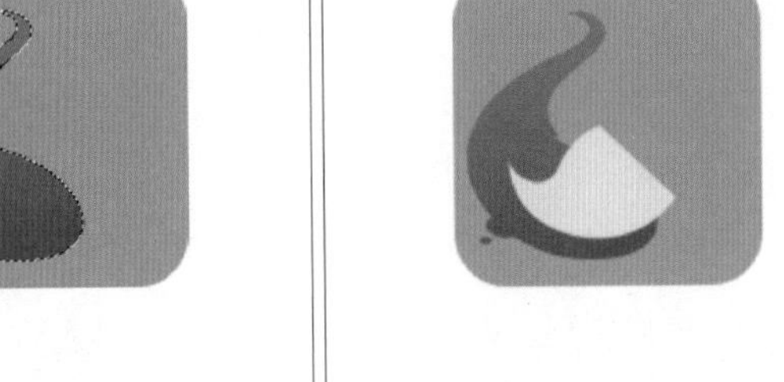
图6-27　绘制笔头形状

图6-28　绘制笔斗形状

（8）将前景色设置为“#C28843”，新建图层，选择“钢笔工具”，在毛笔笔斗的上方绘制笔杆路径。绘制完成后按【Ctrl+Enter】组合键将路径转换为选区，再按【Alt+Delete】组合键填充前景色，效果如图6-29所示。

（9）将前景色设置为“#FFFCED”，在毛笔笔头图层的上方新建图层，选择“钢笔工具”，在毛笔笔头的左侧绘制高光路径。绘制完成后按【Ctrl+Enter】组合键将路径转换为选区，再按【Alt+Delete】组合键填充前景色，然后按【Ctrl+Alt+G】组合键创建剪贴蒙版，效果如图6-30所示。

（10）将前景色设置为“#DBC77A”，在高光图层的上方新建图层，选择“钢笔工具”，在毛笔笔头的中间绘制暗部路径。绘制完成后按【Ctrl+Enter】组合键将路径转换为选区，再按【Alt+Delete】组合键填充前景色，然后按【Ctrl+Alt+G】组合键创建剪贴蒙版，效果如图6-31所示。

图6-29　绘制笔杆形状

图6-30　绘制高光路径

图6-31　绘制暗部路径

（11）将前景色设置为“#222732”，新建图层，选择“钢笔工具”，在笔头的下方绘制黑色笔尖路径。绘制完成后按【Ctrl+Enter】组合键将路径转换为选区，再按【Alt+Delete】组合键填充前景色，然后按【Ctrl+Alt+G】组合键创建剪贴蒙版，效果如图6-32所示。

（12）使用相同的方法，绘制笔头的其他区域，其填充颜色分别为“#8C96AE”“#EFF2F5”，然后按【Ctrl+Alt+G】组合键创建剪贴蒙版，效果如图6-33所示。

（13）将前景色设置为“#DACF9D”，新建图层，选择“钢笔工具”，在笔头的下方绘制黄色阴影，然后填充前景色，效果如图6-34所示。

图6-32 绘制笔头

图6-33 绘制其他区域

图6-34 绘制黄色阴影

（14）打开“图层”面板，设置黄色阴影所在图层的混合模式为“正片叠底”，然后按【Ctrl+Alt+G】组合键创建剪贴蒙版，效果如图6-35所示。

（15）使用相同的方法，在笔斗图层上，绘制笔斗的其他阴影和高光区域，其填充颜色分别为“#4A72AL”“#8C96AE”“#152752”，然后按【Ctrl+Alt+G】组合键创建剪贴蒙版，效果如图6-36所示。

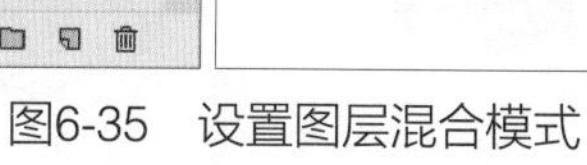

图6-35 设置图层混合模式

图6-36 绘制笔斗阴影和高光

（16）使用相同的方法，在笔杆图层上，绘制笔杆的其他阴影和高光区域，其填充颜色分别为“#A2631F”“#E1AA52”“#F8EBD7”，然后按【Ctrl+Alt+G】组合键创建剪贴蒙版，效果如图6-37所示。

（17）选择除底部圆角矩形外的所有图层，按【Ctrl+Alt+E】组合键盖印图层，然后将其移动到“圆角矩形”图层上，如图6-38所示。

（18）选择盖印的图层，按【Ctrl+T】组合键使其呈变换状态，然后单击鼠标右键，在打开的快捷菜单中选择“垂直翻转”命令，如图6-39所示。

图6-37　绘制笔杆阴影和高光

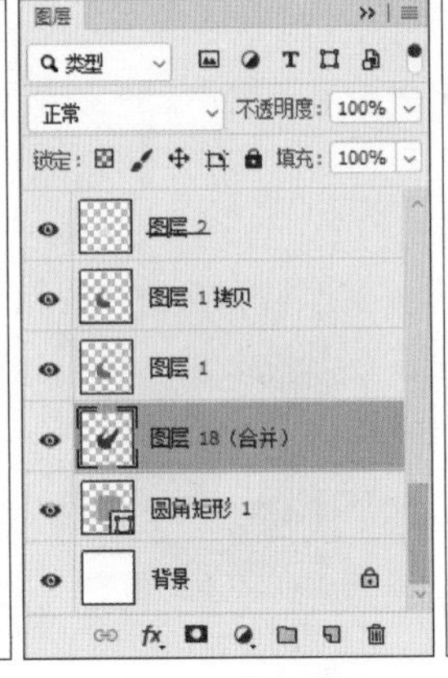

图6-38　盖印图层

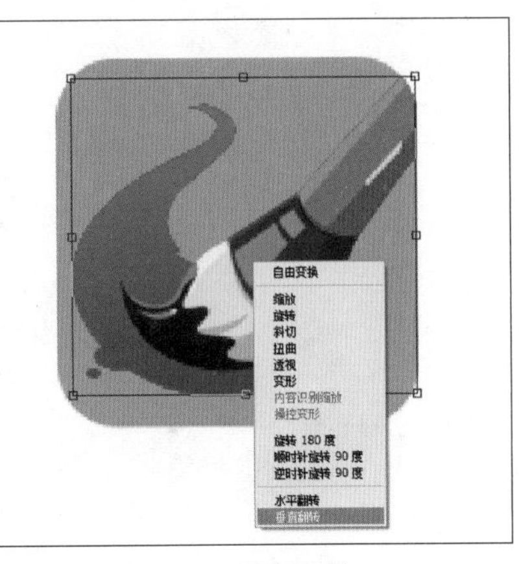

图6-39　垂直翻转

（19）将前景色设置为“#303E5E”，按住【Ctrl】键不放，单击盖印图层前的缩览图以载入选区，按【Alt+Delete】组合键填充前景色。然后按【Ctrl+T】组合键使其呈变换状态，单击鼠标右键，在打开的快捷菜单中选择“斜切”命令，调整图像的倾斜度，如图6-40所示。

（20）选择“滤镜”/“模糊”/“高斯模糊”命令，打开“高斯模糊”对话框，设置“半径”为“5像素”，单击“确定”按钮，如图6-41所示。

（21）选择制作的投影，设置“不透明度”为“40%”，然后按【Ctrl+Alt+G】组合键创建剪贴蒙版，效果如图6-42所示。

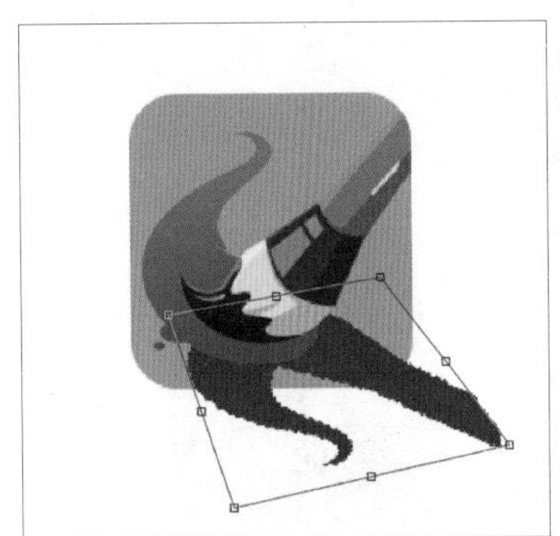

图6-40　调整倾斜度

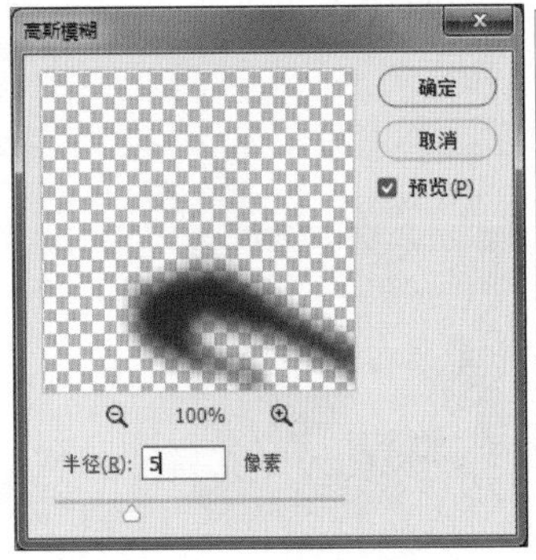

图6-41　设计内圈背景

图6-42　设置“不透明度”

（22）打开“调整”面板，单击“曲线”按钮，打开曲线调整面板，在调整框的下方单击确定调整点，再向下拖曳调整点调整暗度，然后在调整框的上方单击确定调整点，再向上拖曳调整点调整亮度，效果如图6-43所示。

（23）选择所有图层，按【Ctrl+Alt+E】组合键盖印图层，完成后按【Ctrl+S】组合键保存图像（配套资源：\效果\第6章\扁平化图标.psd）。

（24）打开“手机背景.jpg”素材文件（配套资源：\素材\第6章\手机背景.jpg），将制作的图标拖曳到图像中，调整图标的大小和位置，如图6-44所示。

（25）完成后按【Ctrl+S】组合键，保存图像（配套资源：\效果\第6章\手机界面.psd）。

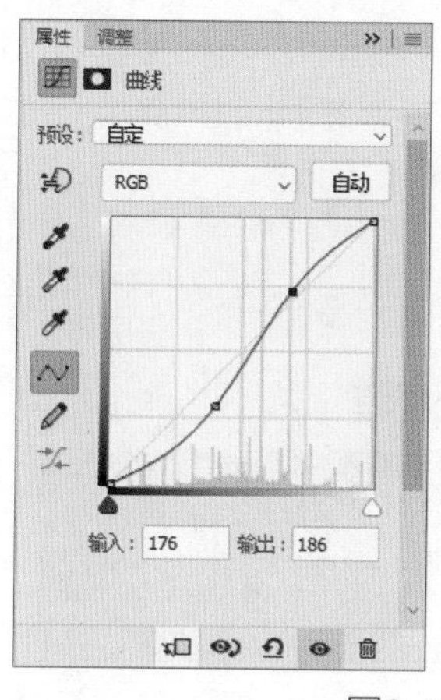

图6-43　调整明暗度

图6-44　查看完成后的效果

6.3　App首页界面设计

慕课视频

App首页界面设计

在手机屏幕中点击图标，即可进入App界面。该界面即为App界面的首页，主要用于展示App的主要内容，帮助用户了解App。下面将首先介绍App首页界面类型，然后对App首页界面设计要点进行介绍，最后制作App首页界面。

6.3.1　App首页界面类型

不同功能的App有不同的首页界面类型，在进行首页界面设计时，可根据App的功能选择合适的类型。常见的App首页界面类型有聚合型、列表型、卡片型、瀑布型、综合型5种。

- 聚合型。聚合型界面常用于功能入口的聚合展示，常起到分流、展现重要信息的作用。用户只需打开App，进入App首页界面，即可通过首页的各个功能入口进入其他的界面。例如“京东”App将许多功能聚合到首页界面中，用户只需点击该功能所对应的图标，即可进入该功能模块。在设计聚合型App首页界面时，可根据功能的优先级进行排列，将优先级高的功能入口放在靠前的位置。图6-45所示为聚合型App首页界面，该界面将不同内容通过板块的形式进行了展现，用户可以在首页界面轻松跳转到各板块对应的界面。
- 列表型。列表型界面是App首页界面中常见的类型，指在一个界面上展示同一个级别的分类模块，目的是展示同类别的信息供用户筛选。模块由标题文案和图片组成，用户可通过滑动查看列表内容。图6-46所示为列表型首页界面，该界面将信息以列表形式进行展示，呈现了更多内容。
- 卡片型。卡片型指将整个首页界面内容切割为多个区域，每个区域有不同的大小、形式和内容。卡片式的设计可以让不同内容混合搭配，使界面整体效果在统一呈现的前提下更有识别性。卡片型App首页界面不仅能让分类按钮和信息紧密联系在一起，让用户对界面内容一目了然，还能有效地强调App界面的重点内容。但是由于卡片型App首页界面中需要为卡片预留间距，因此其信息展现量有限。图6-47所示为卡片型App首页界面，该界面先通过大图展现热门内容，再通过小模块展现歌单内容，整体效果美观，且展现的信息主次明确，更具有识别性。

图6-45　聚合型App首页界面　　图6-46　列表型App首页界面　　图6-47　卡片型App首页界面

高手点拨

在进行App首页界面的设计时，应根据展现信息的不同特点选择恰当的类型（列表型、卡片型等），或者提供多种浏览方式供用户选择，如“淘宝”“京东”App的商品列表页就提供了列表和卡片两种展示方式。

- 瀑布型。瀑布型是一种多栏布局，适合内容相近，没有侧重点，每个板块高低不一，视觉表现力参差不齐的界面。在设计时由于屏幕宽度有限，一般采用两栏布局的方式，通过竖向的排版，使内容能够有更好的呈现。图6-48所示为瀑布型首页界面，该界面采用了双栏布局的方式，将内容分为了不同的板块，只需要滑动界面即可查看内容。
- 综合型。对于内容较多的App，如电商App，一种布局形式往往不能完全展现界面内容，此时可使用综合型首页界面，通过分割线、背景颜色、模块大小的区别，让各个板块内容区分开来，使界面内容布局更清晰、易读。图6-49所示为综合型App首页界面效果。

图6-48　瀑布型App首页界面

图6-49　综合型App首页界面

6.3.2 App首页界面设计要点

在进行App首页界面的设计时，需要注意以下要点，以免出现不符合需求的情况。

- 浏览环境清晰。为了避免用户在预览App首页界面的过程中注意力被其他不重要的内容干扰，在进行App首页界面设计时，应减少无关的设计元素，给用户提供简约、清晰的浏览环境。
- 重点突出。每个App首页界面都应有明确的重点，以便用户进入首页界面时都能快速理解界面内容。在确定该界面的重点后，还应尽量避免在界面上出现其他与用户的决策和操作无关的干扰因素。
- 目标明确。设计人员应该在App首页界面中清晰、明确地提示用户所点击界面的主要内容，保证用户的使用体验。
- 导航明确。导航是确保用户在界面中浏览跳转时"不迷路"的关键。导航的作用主要是告诉用户当前属于哪个界面、可以前往哪个界面、如何返回其他界面等。由于App不提供统一的导航栏样式，因此设计人员可根据需求自行设计App各个界面的导航。建议所有的二级界面左上角都提供返回上一级界面的功能。

6.3.3 设计案例——设计美食App首页界面

本案例将设计美食App首页界面，在设计时先添加参考线，然后进行内容设计与制作，并采用综合型的布局方式，其具体操作如下。

慕课视频

设计案例：设计美食App首页界面

（1）在Photoshop CC 2019中新建“预设详细信息”“宽度”“高度”“分辨率”分别为“App首页界面”“1080像素”“1920像素”“72像素/英寸”的图像文件。

（2）按【Ctrl+R】组合键，打开标尺，选择“矩形选框工具”，在工具属性栏中设置固定大小为“70像素”，然后在图像编辑区的顶部绘制矩形选框。

（3）在标尺处单击并向下拖曳鼠标指针，直到矩形选框边缘与参考线重合，释放鼠标以完成状态栏参考线的创建，如图6-50所示。

（4）使用相同的方法，在参考线的下方绘制大小为159像素×159像素的矩形选框，并创建参考线，如图6-51所示。使用相同的方法，在图像的底部绘制大小为144像素×144像素的矩形选框，然后创建参考线。

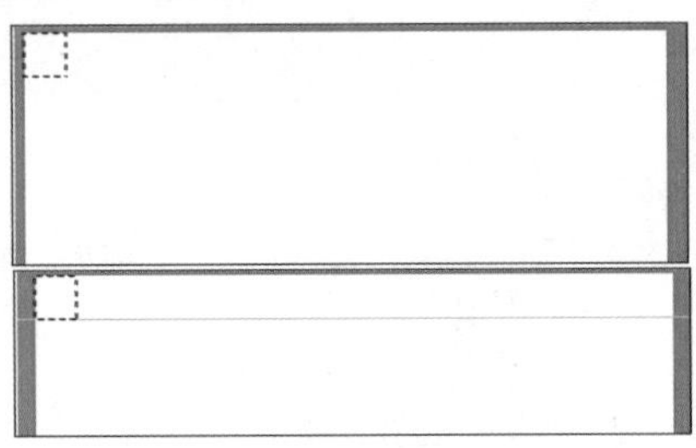

图6-50　创建状态栏参考线

图6-51　创建导航栏参考线

（5）打开“状态栏.psd”素材文件（配套资源：\素材\第6章\状态栏.psd），将其中的素材拖动到图像最上方中，调整大小和位置，如图6-52所示。

（6）选择“圆角矩形工具”，在工具属性栏中设置描边颜色为“#E2E2E2”、描边宽度为“2像素”、圆角半径为“50像素”，然后在状态栏右下方绘制大小为250像素×90像素的圆角矩形，如图6-53所示。

图6-52　添加状态栏素材

图6-53　绘制圆角矩形

（7）选择“椭圆工具”，在工具属性栏中取消填充，设置描边颜色为“#000000”、描边宽度为“5像素”，然后在圆角矩形中绘制大小为50像素×50像素的圆形，如图6-54所示。

（8）选择“椭圆工具”，在工具属性栏中设置填充颜色为“#000000”，然后在圆形的中间区域绘制大小为19像素×19像素的圆形，如图6-55所示。

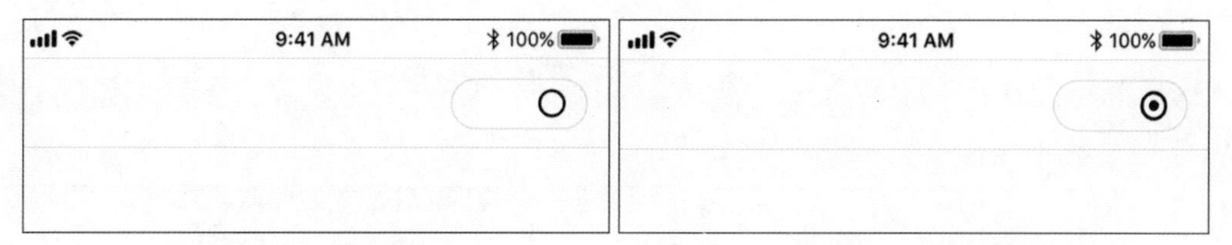

图6-54　绘制圆形1　　图6-55　绘制圆形2

（9）使用相同的方法，在圆形的左侧绘制3个不同大小的圆形，效果如图6-56所示。

（10）选择“直线工具”，在工具属性栏中设置填充颜色为“#E2E2E2”，然后在圆角矩形的中间位置绘制竖线，效果如图6-57所示。

图6-56　绘制其他圆形　　图6-57　绘制竖线

（11）选择“横排文字工具”T，输入“速食天下网”文字，在工具属性栏中设置字体为“华康海报体W12(P)”、文本颜色为“#000000”，然后调整文字大小和位置。选择“矩形工具”，在工具属性栏中设置填充颜色为“#93AED6”，在文字下方绘制大小为1080像素×400像素的矩形，如图6-58所示。

（12）打开“App首页界面素材.psd”素材文件（配套资源：\素材\第6章\App首页界面素材.psd），将“首页图片1”拖曳到图像最上方，再调整大小和位置，然后按【Ctrl+Alt+G】组合键创建剪贴蒙版，如图6-59所示。

图6-58　输入文字并绘制矩形　　图6-59　添加素材

（13）选择“横排文字工具”T，在图像的左上方输入“吃货看这里”文字，然后在工具属性栏中设置字体为“汉仪字研卡通”、文本颜色为“#FEFEFE”，再调整文字的大小和位置，如图6-60所示。

（14）双击“吃货看这里”图层，打开“图层样式”对话框，选中“投影”复选框，设置“阴影颜色”“不透明度”“角度”“距离”“扩展”“大小”分别为“#410A0A”“98%”“177度”“9像素”“11%”“6像素”，单击“确定”按钮，如图6-61所示。

图6-60　输入文字　　　　图6-61　设置“投影”参数

（15）选择“横排文字工具”，输入图6-62所示的文字，然后在工具属性栏中设置“字体”为“思源黑体 CN”、文本颜色分别为“#FAB33C”“#FFFAFA”，再调整文字的大小和位置。

（16）选择“圆角矩形工具”，在工具属性栏中设置填充颜色为“#081544”，在图片下方绘制大小为210像素×42像素的圆角矩形，如图6-62所示。

（17）选择“椭圆工具”，在工具属性栏中设置填充颜色为“#FF6945”，在圆角矩形中的左侧绘制大小为144像素×144像素的圆，如图6-63所示。

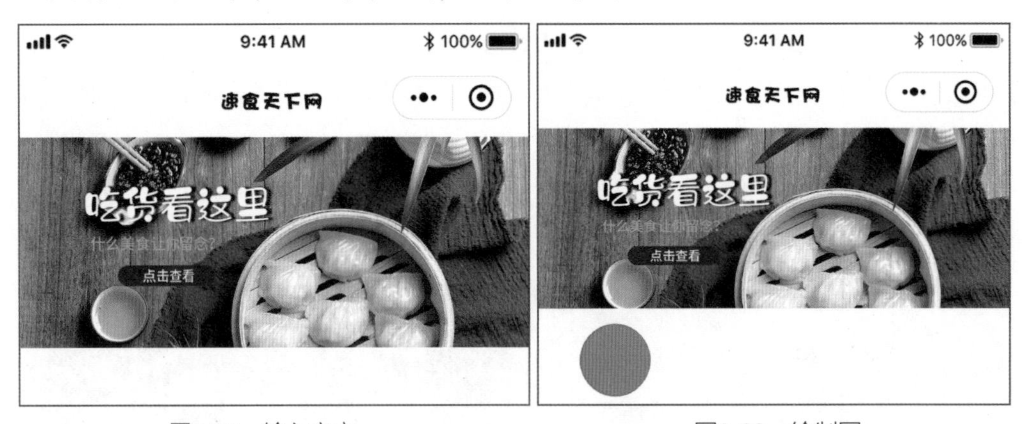

图6-62　输入文字　　　　图6-63　绘制圆

（18）双击椭圆图层，打开“图层样式”对话框，选中“渐变叠加”复选框，设置“渐变”为“#FD627F~#FA2A50”，单击“确定”按钮，如图6-64所示。

（19）选择绘制的圆，按住【Alt】键不放，向右拖曳鼠标指针以复制3个圆，并分别修改渐变颜色为“#5988F7~#2B65F0”“#FEE242~#EFBB12”“#AC0FFD~#D482FE”，效果如图6-65所示。

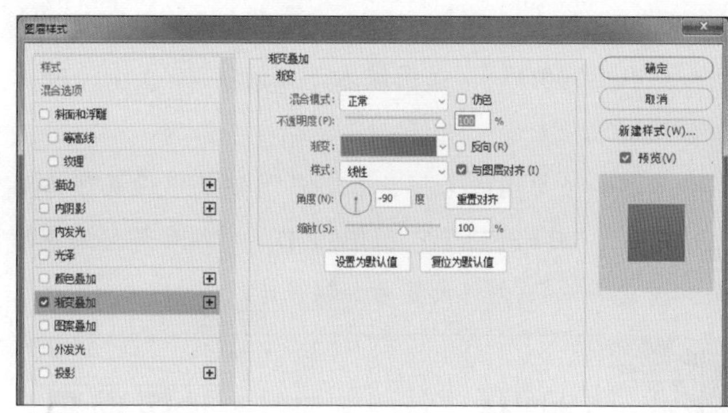

图6-64　设置“渐变叠加”参数

图6-65　复制椭圆并修改渐变颜色

（20）在打开的“App首页界面素材.psd”素材文件中，将矢量形状依次拖曳到椭圆中，再调整大小和位置，如图6-66所示。

（21）选择“横排文字工具” T，输入图6-67所示的文字，在工具属性栏中设置字体为“思源黑体 CN”、文本颜色为“#333333”、字号为“34”，再调整文字位置。

图6-66　添加矢量素材　　　　图6-67　输入文字

（22）选择“矩形工具” □，在文字的下方绘制大小为1080像素×30像素的矩形，并设置填充颜色为“#FBFCFD”，如图6-68所示。

（23）双击绘制的矩形图层，打开“图层样式”对话框，选中“投影”复选框，设置“不透明度”“角度”“距离”“扩展”“大小”分别为“10%”“18度”“15像素”“1%”“10像素”，单击“确定”按钮，如图6-69所示。

图6-68　绘制矩形

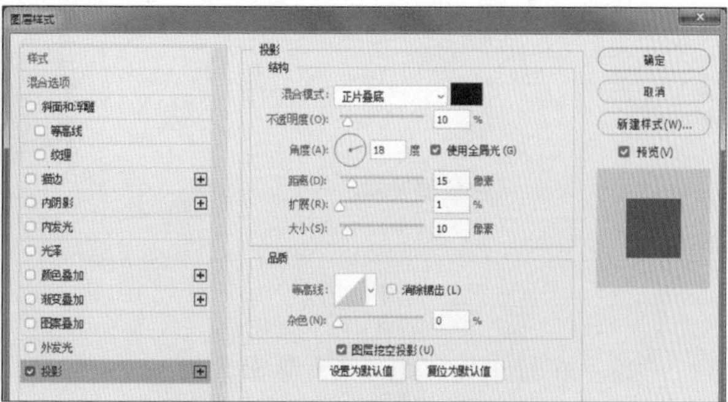

图6-69　设置“投影”参数

（24）在距图像左右边缘30像素的位置，分别添加两条参考线。然后选择“圆角矩形工具”，在工具属性栏中设置填充颜色为“#CB000D”，在图像右下侧绘制3个大小为65像素×65像素的圆角矩形，如图6-70所示。

（25）选择“横排文字工具”，输入图6-71所示的文字，在工具属性栏中设置字体为“思源黑体 CN”、文本颜色分别为“#333333”“#FFFFFF”“#CB000D”，然后调整文字的大小和位置，并将“本期特卖”“—— 全部特卖 ——”文字设置为加粗显示。

图6-70　绘制圆角矩形

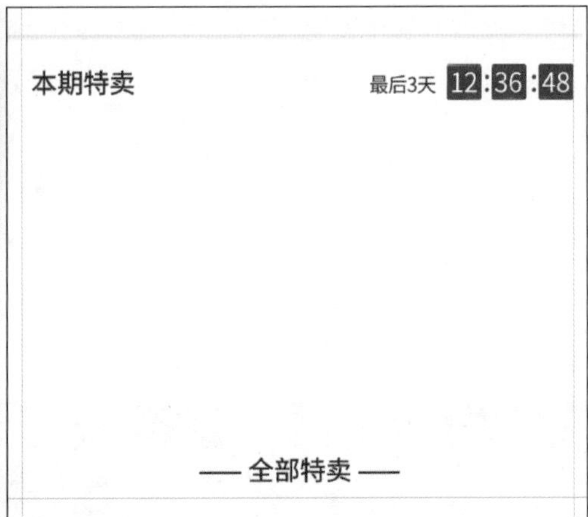

图6-71　输入文字

（26）选择“椭圆工具”，在工具属性栏中设置填充颜色为“#000000”，在“本期特卖”文字右侧绘制3个大小为10像素×10像素的圆形，如图6-72所示。

（27）选择“矩形工具”，在文字的下方分别绘制大小为500像素×550像素、500像素×265像素、500像素×265像素的矩形，并设置填充颜色为“#93AED6”，如图6-73所示。

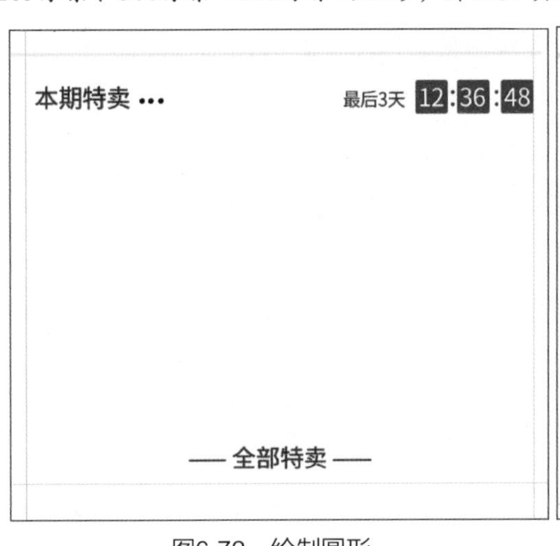

图6-72　绘制圆形

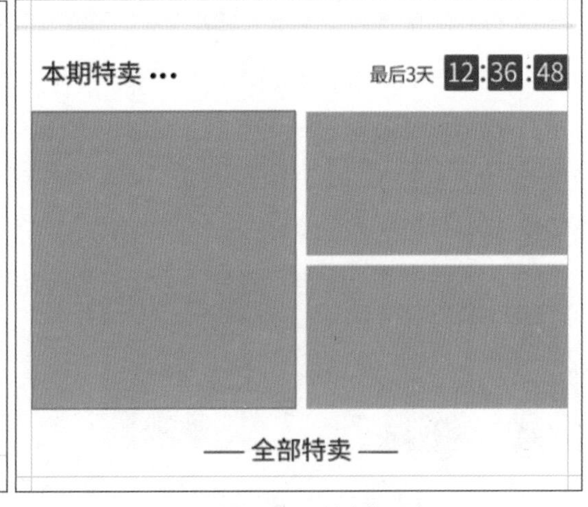

图6-73　绘制矩形

（28）在打开的“App首页界面素材.psd”素材文件中，将图片素材拖曳到矩形中，调整大小和位置，然后按【Ctrl+Alt+G】组合键创建剪贴蒙版，如图6-74所示。

（29）选择“矩形工具”□，在“全部特卖”文字的下方绘制大小为1080像素×144像素的矩形，并设置填充颜色为“#FBFCFD”，如图6-75所示。

图6-74　添加素材

图6-75　绘制矩形

（30）双击绘制的矩形图层，打开“图层样式”对话框，选中“投影”复选框，设置“不透明度”“角度”“距离”“扩展”“大小”分别为“20%”“18度”“3像素”“0%”“35像素”，如图6-76所示，完成后单击“确定”按钮。

（31）在打开的“App首页界面素材.psd”素材文件中，将图标拖曳到矩形中，调整大小和位置，如图6-77所示。

（32）选择“横排文字工具”T，输入“首页”“关注”“购物车”“我的”文字，然后调整文字的大小和位置，并设置文本颜色分别为“#6B336D”“#8D8D8D”，如图6-78所示。

（33）按【Ctrl+;】组合键隐藏参考线，完成后按【Ctrl+S】组合键保存文件，完成本例的制作（配套资源：\效果\第6章\App首页界面.psd）。

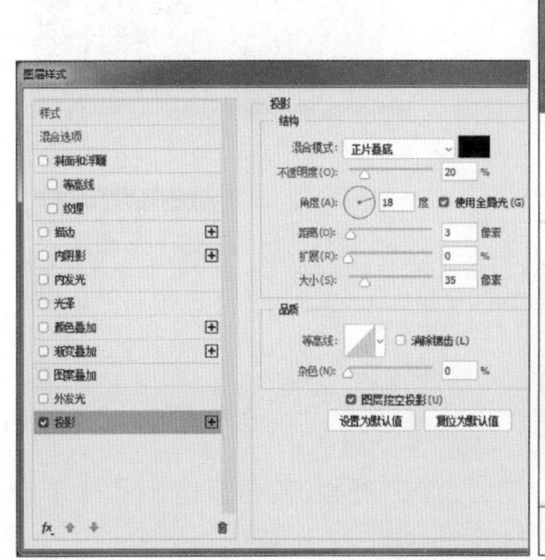

图6-76　设置“投影”参数

图6-77　添加图标

图6-78　输入文字

6.4 App列表页界面设计

慕课视频

App列表页界面设计

App列表页界面主要是对搜索结果或商品列表进行展现，下面将先讲解App列表页界面的类型和设计原则，再制作App列表页界面。

6.4.1 App列表页界面类型

App列表页界面类型通常有单行列表页界面和双行列表页界面两种。

- 单行列表页界面。大多数商品类列表页界面多以单行列表的形式进行展示，通常为左图右文。图片能够诱导用户进行点击，文字则用来说明商品信息，图6-79所示为单行列表页界面，界面左侧为图片，界面右侧为说明性文字，不但美观，而且便于查看信息。
- 双行列表页界面。双行列表页界面将界面内容分为两个部分，常以卡片的形式进行展现。卡片中上面为图片，下面为文字，不但节省空间，而且使界面显得更饱满。图6-80所示为双行列表页界面，不但美观，而且便于查看界面信息。

图6-79 单行列表页界面

图6-80 双行列表页界面

6.4.2 App列表页界面设计原则

在设计App列表页界面时，需要遵循以下3个原则。

- 在设计App列表页界面时，列表内容不能过满，要适当地进行留白。留白能让整个App界面显得张弛有度，并且有亲疏之分。
- 在设计App列表页界面时，重点突出的元素应使用明亮的颜色，使列表层次感更强。

● 在使用虚实结合的方式进行App列表页界面设计时，要保证实物对象在前，虚化部分在后，这样才能使主体更加明确。

6.4.3 设计案例——设计美食App列表页界面

本案例将设计美食App列表页界面。在设计过程中先添加参考线，然后进行内容设计与制作。该列表页界面采用双行列表的方式对内容进行展现，整体效果美观大方、便于查看，其具体操作如下。

慕课视频

设计案例：设计美食App列表页界面

（1）在Photoshop CC 2019中新建“预设详细信息”“宽度”“高度”“分辨率”分别为“App列表页界面”“1080像素”“1920像素”“72像素/英寸”的图像文件。

（2）按【Ctrl+R】组合键打开标尺，使用第6.3.3小节讲解过的方法添加参考线，其具体参数参见第6.3.3小节，完成后的效果如图6-81所示。

（3）打开“状态栏.psd”素材文件（配套资源：\素材\第6章\状态栏.psd），将其中的素材拖曳到图像中的最上方，然后调整大小和位置，如图6-82所示。

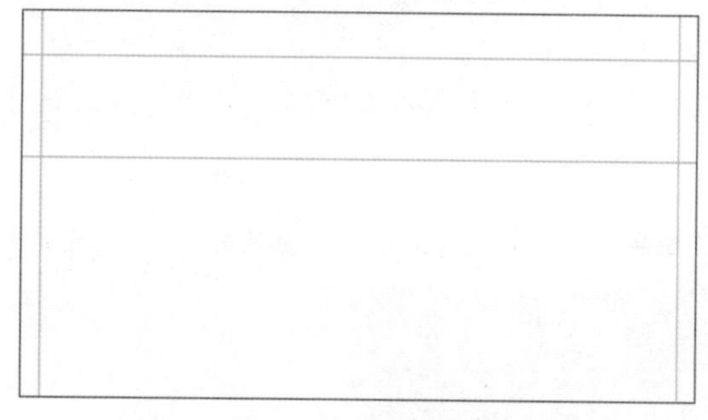

图6-81　创建参考线

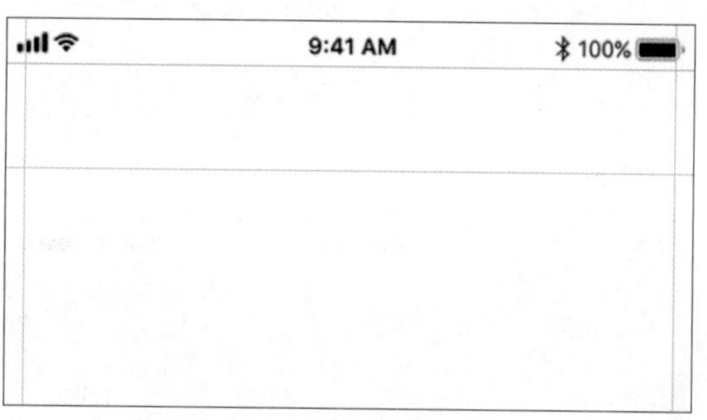

图6-82　添加状态栏

（4）打开“列表页矢量素材.psd”素材文件（配套资源：\素材\第6章\列表页矢量素材.psd），将其中的右箭头素材拖曳到图像中的左侧，调整大小和位置，再按【Ctrl+T】组合键，使其呈变换状态，然后单击鼠标右键，在打开的快捷菜单中选择“水平翻转”命令，调整箭头方向，如图6-83所示。

（5）选择“圆角矩形工具”，在工具属性栏中设置填充颜色为“#F7F7F7”，绘制大小为835像素×83像素的圆角矩形，如图6-84所示。

（6）在打开的“列表页矢量素材.psd”素材文件中，将放大镜和消息按钮素材依次拖曳到图像中，调整大小和位置，如图6-85所示。

（7）选择“横排文字工具”，输入图6-86所示的文字，在工具属性栏中设置字体为“思源黑体 CN”、文本颜色分别为“#373737”“#000000”，然后调整文字的大小和位置。

（8）在打开的“列表页矢量素材.psd”素材文件中，将右箭头和筛选按钮素材拖曳到图像中，调整大小和位置，并调整右箭头方向，如图6-87所示。

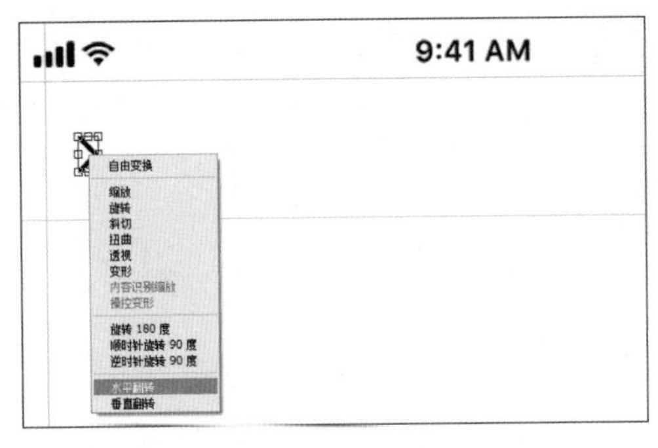

图6-83　添加并水平翻转右箭头

图6-84　绘制圆角矩形

图6-85　添加放大镜和消息素材

图6-86　输入文字

（9）选择“矩形工具”，在文字的下方绘制大小为495像素×500像素的矩形，并设置填充颜色为“#93aed6”，如图6-88所示。

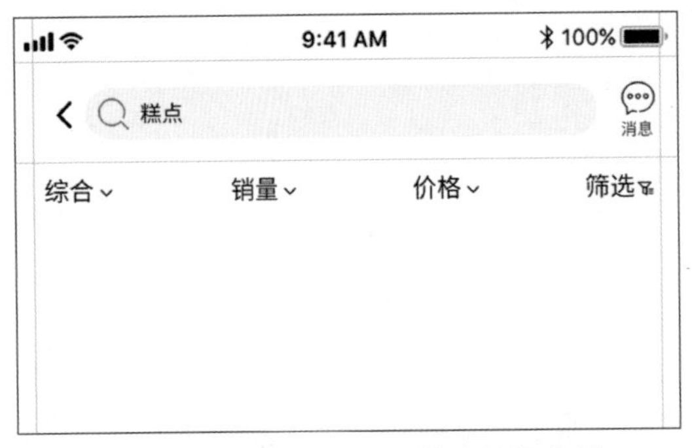

图6-87　添加右箭头和筛选按钮素材

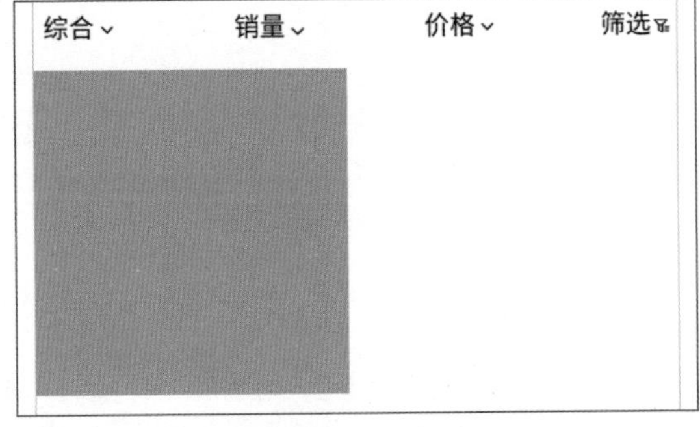

图6-88　绘制矩形

（10）选择矩形，按住【Alt】键不放，向右和向下拖曳鼠标指针以复制矩形，效果如图6-89所示。

（11）打开“App列表页界面素材.psd”素材文件（配套资源：\素材\第6章\App列表页界面素材.psd），将图片素材分别拖曳到矩形上，调整大小和位置，然后按【Ctrl+Alt+G】组合键创建剪贴蒙版，如图6-90所示。

（12）选择“横排文字工具”T，输入图6-91所示的文字，在工具属性栏中设置字体为“思源黑体 CN”、文本颜色分别为“#000000”“#999999”，然后调整文字的大小和位置，并对灰色文字添加删除线。

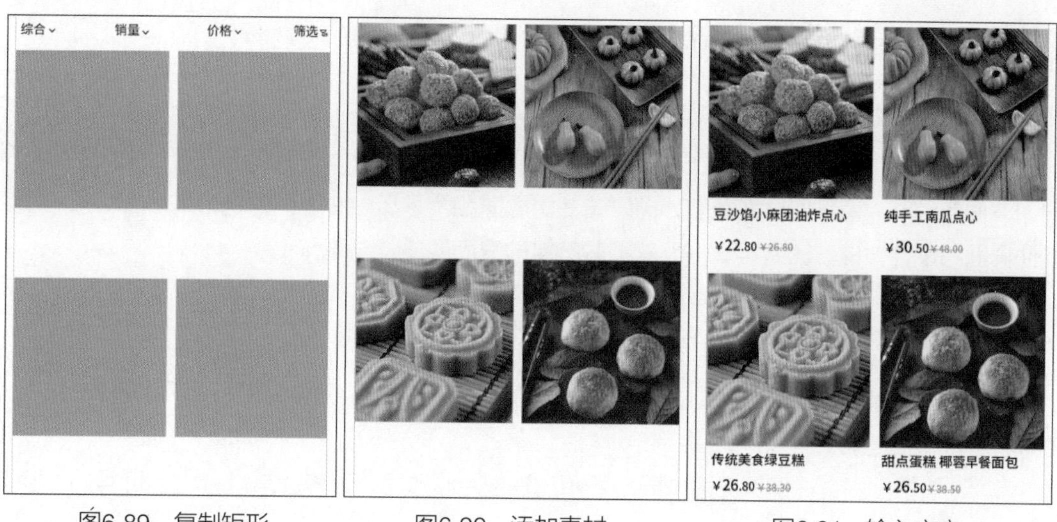

图6-89　复制矩形　　图6-90　添加素材　　图6-91　输入文字

（13）选择"椭圆工具"，在工具属性栏中设置填充颜色为"#FF5956"，在价格的右侧绘制4个大小为75像素×75像素的圆形，如图6-92所示。

（14）在打开的"列表页矢量素材.psd"素材文件中，将购物车按钮素材拖曳到圆形中，调整大小和位置，如图6-93所示。

（15）打开"App首页界面.psd"图像文件（配套资源：\效果\第6章\App首页界面.psd），将底部导航栏拖曳到列表页中，调整位置，完成后按【Ctrl+;】组合键隐藏参考线，再按【Ctrl+S】组合键保存文件，完成本例的制作。完成后的效果如图6-94所示（配套资源：\效果\第6章\App列表页界面.psd）。

图6-92　绘制圆形　　图6-93　添加素材　　图6-94　完成后的效果

6.5 App其他界面设计

慕课视频

App其他界面设计

除了前面讲解的首页界面和列表页界面外，App中还有注册页界面、个人中心页界面、关注页界面、详情页界面等，这些界面都是根据App的需求而设计的。下面先讲解App其他界面类型，再以关注页界面和个人页中心界面为例讲解其他界面的设计方法，读者可举一反三地进行其他界面的设计与制作。

6.5.1 App其他界面类型

根据每款App的需求和使用环境的不同，App对应的界面内容也不相同，下面将对App界面的其他界面类型进行介绍。

- 注册页界面。注册页界面主要用于用户注册App账号，该界面常常分为手机号码、验证码、密码、“注册”按钮4个部分，如图6-95所示。
- 个人中心页界面。个人中心页界面主要是对用户的个人信息进行展现，通常包括会员、地址、钱包、卡券等内容，用户可在该界面中快速查看自己的账号信息，如图6-96所示。
- 关注页界面。关注页界面是各账号向关注者定向输出内容的集合地。关注页界面多以单行或是双行的方式显示信息，用户只需上下滑动屏幕即可浏览界面内容，如图6-97所示。

图6-95　注册页界面

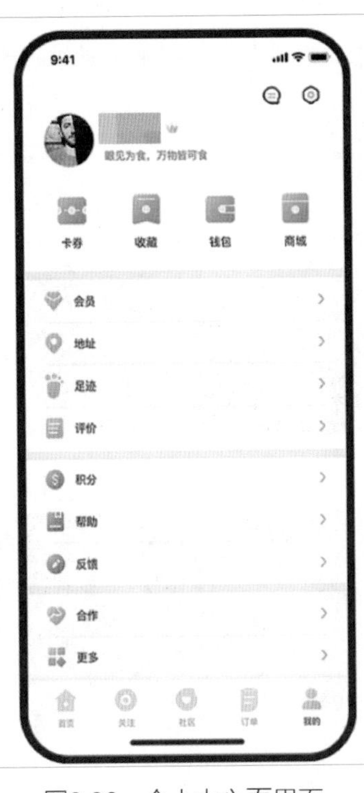

图6-96　个人中心页界面

图6-97　关注页界面

- 详情页界面。详情页界面主要是对选择的内容进行详细介绍的界面，内容可以是文章详情、电影详情、音乐详情，也可以是作者详情、商品详情等，详情页界面多以图文结合的方式进行展现，用户只需上下滑动屏幕即可浏览内容，如图6-98所示。
- 订单详情页界面。订单详情页界面主要是对用户购买商品的订单进行展现。在设计订单详情页界面时应将订单内容进行详细展现，并突出显示金额，如图6-99所示。
- 发布页界面。发布页界面是用户对商品发表自己的想法、评论等的界面。发布页界面通常没有过多的设计，精简的界面效果能让用户更好地填写发布内容。在设计发布页界面时，其界面应包含写评价、打评分、打标签等功能，以便用户编辑，如图6-100所示。

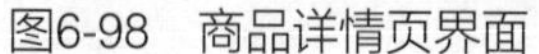
图6-98　商品详情页界面

图6-99　订单详情页界面

图6-100　发布页界面

6.5.2 设计案例——设计美食App关注页界面

关注页界面主要是对用户所关注的账号发布的动态进行展示的界面，用户可以在该界面中查看自己感兴趣的内容。本案例将设计美食App关注页界面，该界面在设计时采用图文搭配的方式进行展现，整体效果简洁、美观，能很好地体现内容，其具体操作如下。

（1）在Photoshop CC 2019中新建“预设详细信息”“宽度”“高度”“分辨率”分别为“App关注页界面”“1080像素”“1920像素”“72像素/尺寸”的图像文件。使用之前讲解过的方法添加参考线，其具体参数参见第6.3.3小节。

慕课视频

设计案例：设计美食App关注页界面

（2）选择“矩形工具”，在图像顶部绘制大小为1080像素×229像素的矩形，并设置填充颜色为“#93AED6”，如图6-101所示。

（3）双击绘制的矩形图层，打开“图层样式”对话框，选中“渐变叠加”复选框，设置“渐变”“缩放”分别为“#6B336D~#833D86”“150%”，单击“确定”按钮，如图6-102所示。

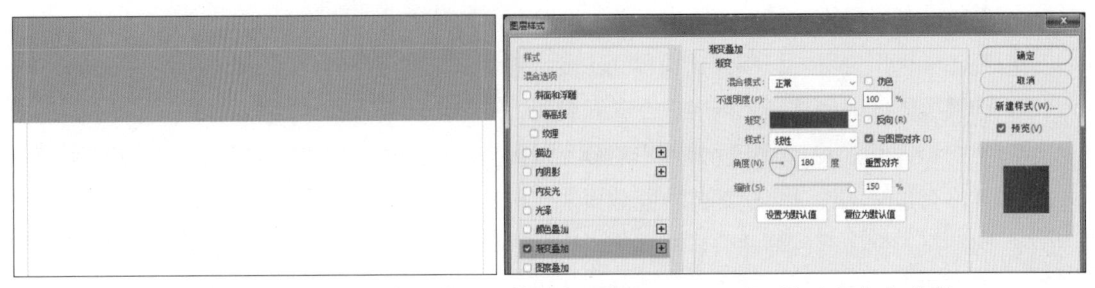

图6-101　绘制矩形　　　　图6-102　设置“渐变叠加”参数

（4）打开“状态栏.psd”素材文件（配套资源：\素材\第6章\状态栏.psd），将其中的素材拖曳到矩形中的最上方，调整大小和位置。然后按住【Ctrl】键不放，单击状态栏所在图层前的缩览图，使其呈选区显示，再将前景色设置为“#FFFFFF”，按【Alt+Delete】组合键填充前景色。

（5）打开“App关注页界面素材.psd”素材文件（配套资源：\素材\第6章\App关注页界面素材.psd），将返回箭头素材拖曳到矩形上，调整大小和位置。

（6）选择“横排文字工具” T，输入图6-103所示的文字，再在工具属性栏中设置字体为“思源黑体 CN”、文本颜色分别为“#FFFFFF”“#333333”，然后调整文字的大小和位置。

（7）选择“椭圆工具” ，在工具属性栏中设置填充颜色为“#FFFFFF”，在“关注”文字左右两侧分别绘制两个大小为10像素×10像素的圆形，并设置外围两个圆形的“不透明度”为“55%”，然后在“墨韵儿”文字左侧绘制大小为100像素×100像素的圆形，设置填充颜色为“#1B1B1B”，如图6-104所示。

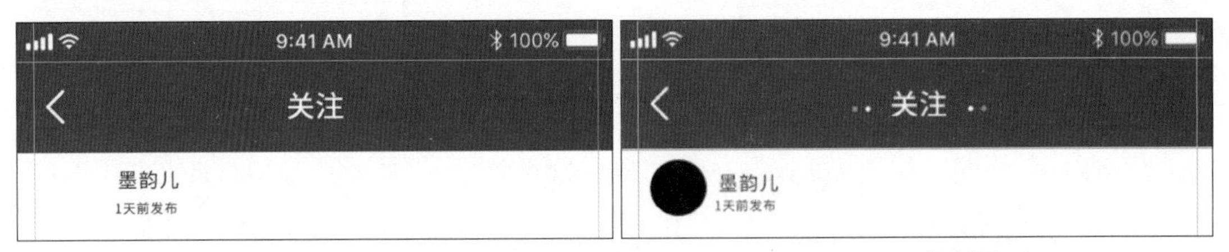

图6-103　添加导航并输入文字　　　　图6-104　绘制圆形

（8）选择“圆角矩形工具” ，在工具属性栏中设置填充颜色为“#FFFFFF”，绘制大小为125像素×65像素的圆角矩形，如图6-105所示。

（9）双击绘制的圆角矩形图层，打开“图层样式”对话框，选中“投影”复选框，设置“阴影颜色”“不透明度”“角度”“距离”“扩展”“大小”分别为“#DEDEDE”“100%”“18度”“4像素”“0%”“10像素”，单击“确定”按钮，如图6-106所示。

（10）选择“圆角矩形工具” ，在工具属性栏中设置填充颜色为“#FFFFFF”，绘制大小为1020像素×720像素的圆角矩形。

（11）双击绘制的圆角矩形图层，打开“图层样式”对话框，选中“投影”复选框，设置

“阴影颜色”“不透明度”“角度”“距离”“扩展”“大小”分别为“#828282”“9%”“18度”“4像素”“0%”“30像素”，单击“确定”按钮，效果如图6-107所示。

（12）选择“圆角矩形工具” ，在工具属性栏中设置填充颜色为“#93AED6”，绘制大小为1020像素×470像素的圆角矩形，如图6-108所示。

图6-105　绘制圆角矩形

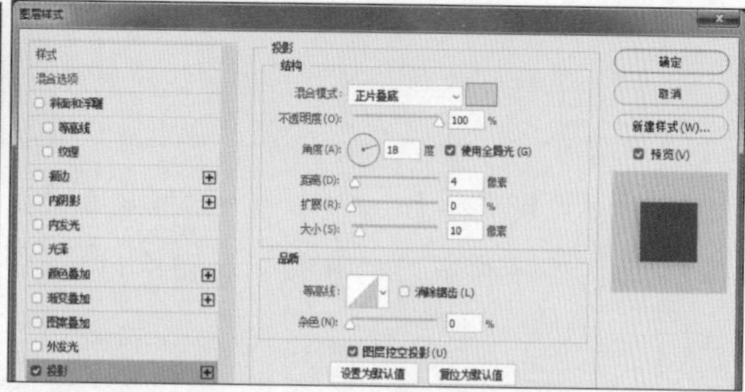

图6-106　设置“投影”参数1

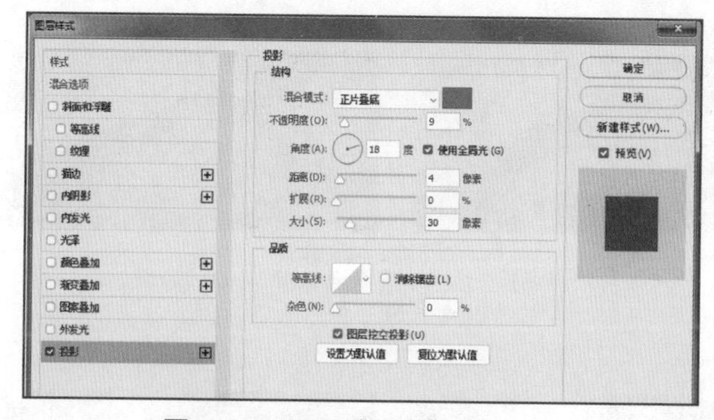

图6-107　设置“投影”参数2

图6-108　绘制圆角矩形

（13）在打开的“App关注页界面素材.psd”素材文件中，将图片、关注、点赞等素材拖曳到图像中，调整大小和位置，然后为人物和面包图片添加剪贴蒙版，如图6-109所示。

（14）选择“横排文字工具” ，输入图6-110所示的文字，在工具属性栏中设置字体为“思源黑体 CN”，然后调整文字的大小、颜色和位置。

图6-109　添加素材

图6-110　输入文字

（15）选择除状态栏图层和导航栏图层外的所有图层，按住【Alt】键不放向下拖曳鼠标指针以复制内容，然后对其中的文字和图片进行修改，并将最下方的文字删除，效果如图6-111所示。

（16）打开“App首页界面.psd”图像文件（配套资源：\效果\第6章\App首页界面.psd），将最下方的底部导航栏拖曳到关注页界面中，再调整位置，如图6-112所示。

（17）选择“首页”图标，将叠加颜色修改为“#FBFCFD”，再将描边颜色和“首页”文字颜色修改为“#9F9F9F”，然后将“关注”图标颜色和文字颜色修改为“#6B336D”。

（18）完成后按【Ctrl+;】组合键隐藏参考线，再按【Ctrl+S】组合键保存文件，完成本案例的制作。查看完成后的效果，如图6-113所示（配套资源：\效果\第6章\App关注页界面.psd）。

图6-111　复制内容并修改文字　　图6-112　添加底部导航栏　　图6-113　完成后的效果

6.5.3 设计案例——设计美食App个人中心页界面

慕课视频

设计案例：设计美食App个人中心页界面

个人中心页界面主要是对用户个人信息进行展现。本案例将设计美食App个人中心页界面，在设计时要将用户账号信息进行全面展现，使界面整体效果简洁、美观，其具体操作如下。

（1）在Photoshop CC 2019中新建“预设详细信息”“宽度”“高度”“分辨率”分别为“App个人中心页界面”“1080像素”“1920像素”“72像素/英寸”的图像文件。使用之前讲解过的方法添加参考线，其具体参数参见第6.3.3小节。

（2）新建图层，设置前景色为“#65A8EC”，选择“钢笔工具”，在图像编辑区的上方，绘制带弧度的形状，完成后按【Ctrl+Enter】组合键创建选区，然后按【Alt+Delete】组合键填充前景色，如图6-114所示。

（3）双击绘制的形状图层，打开“图层样式”对话框，选中“渐变叠加”复选框，设置“渐变”“缩放”分别为“#6B336D~#833D86”“150%”，单击“确定”按钮，如图6-115所示。

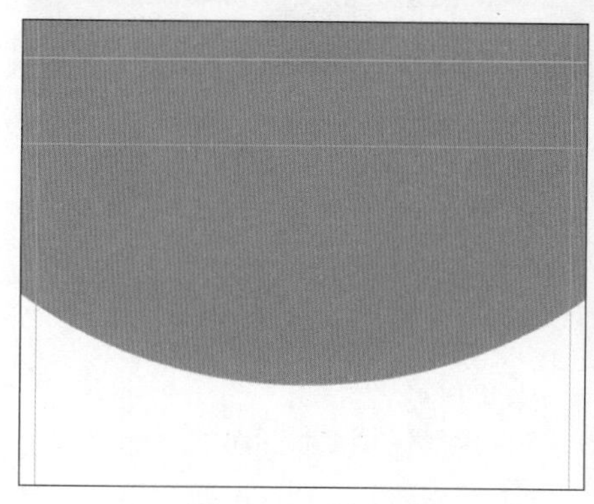

图6-114　绘制形状

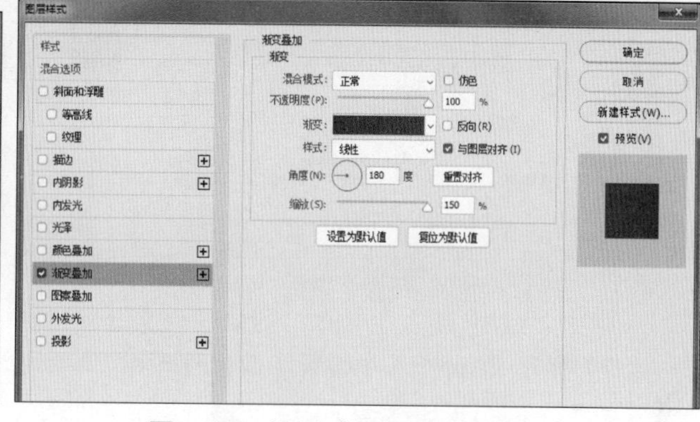

图6-115　设置“渐变叠加”参数

（4）打开“状态栏.psd”素材文件（配套资源：\素材\第6章\状态栏.psd），将其中的素材拖曳到图像中的最上方，调整大小和位置，然后将填充颜色修改为“#FFFFFF”。

（5）打开“App关注页界面.psd”图像文件（配套资源：\效果\第6章\App关注页界面.psd），将其中的“关注”文字、圆形、返回箭头拖曳到个人中心页界面中，调整位置，然后将“关注”文字修改为“个人中心”，效果如图6-116所示。

（6）选择“圆角矩形工具”，在“个人中心”文字的下方绘制大小为945像素×464像素的圆角矩形，并设置填充颜色为“#FFFFFF”，如图6-117所示。

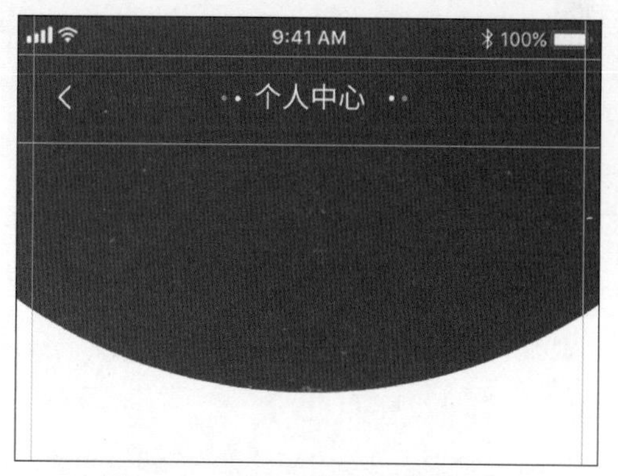

图6-116　添加导航栏并修改文字

图6-117　绘制圆角矩形

（7）双击绘制的圆角矩形图层，打开“图层样式”对话框，选中“投影”复选框，设置“阴影颜色”“不透明度”“角度”“距离”“扩展”“大小”分别为“#000000”“8%”“90度”“40像素”“0%”“40像素”，单击“确定”按钮，如图6-118所示。

（8）选择“椭圆工具”，绘制5个不同大小的圆形，并设置填充颜色分别为“#000000”“#F6414D”“#FFB554”“#7E71F8”，效果如图6-119所示。

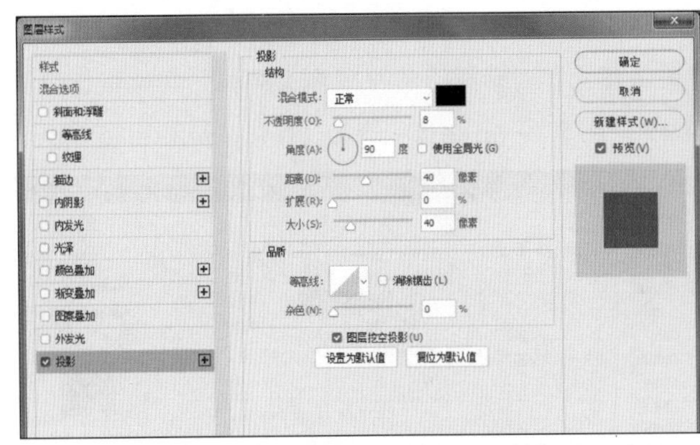

图6-118　设置“投影”参数

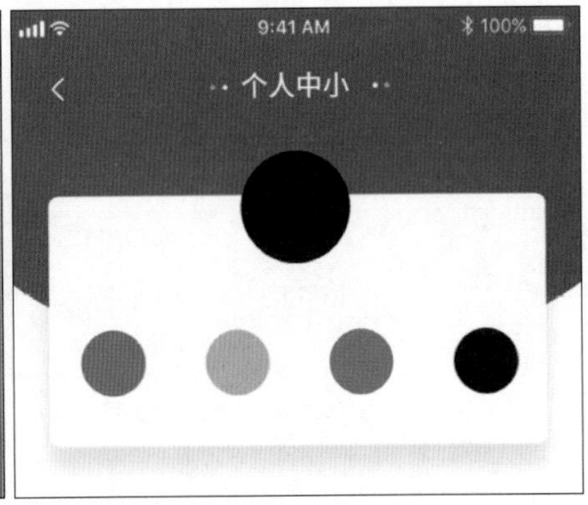

图6-119　绘制圆形

（9）打开“App个人中心页界面素材.psd”素材文件（配套资源：\素材\第6章\App个人中心页界面素材.psd），将其中的心形、钱包、人民币符号、卡通人物等素材拖曳到圆形中，调整大小和位置，卡通人物图片要置入最大的圆中，如图6-120所示。

（10）选择“横排文字工具”，输入图6-121所示的文字，在工具属性栏中设置字体为“思源黑体 CN”、文本颜色为“#000000”，然后调整文字的大小和位置。

图6-120　添加素材

图6-121　输入文字

（11）选择“矩形工具”，在“墨韵儿”文字的下方绘制大小为945像素×5像素的矩形作为分割线，并设置填充颜色为“#EEEEEE”，效果如图6-122所示。

（12）选择“圆角矩形工具”，在下方按图6-123绘制大小为945像素×750像素的圆角矩形，并设置填充颜色为“#FFFFFF”，然后添加与上方圆角矩形相同的投影图层样式。

（13）选择“矩形工具”，在圆角矩形中绘制大小为945像素×5像素的矩形作为分割线，并设置填充颜色为“#F7F7F7”，然后按住【Alt】键向下拖曳鼠标指针以复制矩形，效果如图6-123所示。

（14）选择“圆角矩形工具”▢，在圆角矩形的左侧绘制5个大小为84像素×84像素的圆角矩形，并设置填充颜色分别为“#F05522”“#BCD92C”“#DF2E64”“#53A6F6”“#A42ED7”，效果如图6-124所示。

（15）在打开的“App个人中心页界面素材.psd”素材文件中，将其中的卡券、消息、关注、地址等素材拖曳到圆角矩形中，调整大小和位置，效果如图6-125所示。

图6-122　绘制分割线

图6-123　绘制圆角矩形和分割线

图6-124　绘制圆角矩形

图6-125　添加素材

（16）选择“横排文字工具”T，输入图6-126所示的文字，在工具属性栏中设置字体为“思源黑体 CN”、文本颜色为“#262626”，然后调整文字的大小和位置。

（17）选择前面绘制的大小为945像素×750像素的圆角矩形，按住【Alt】键不放向下拖曳鼠标指针以复制圆角矩形，效果如图6-127所示。

（18）在打开的“App列表页界面.psd”图像文件中，将界面最下方的底部导航栏拖曳到图像中，然后调整位置。

（19）选择“首页”图标，将叠加颜色修改为“#FBFCFD”，再将描边颜色和“首页”文字颜色修改为“#9F9F9F”，然后将“我的”图标颜色和文字颜色修改为“#6B336D”。

（20）完成后按【Ctrl+;】组合键隐藏参考线，再按【Ctrl+S】组合键保存文件，完成本案例的制作。查看完成后的效果，如图6-128所示（配套资源：\效果\第6章\App个人中心页界面.psd）。

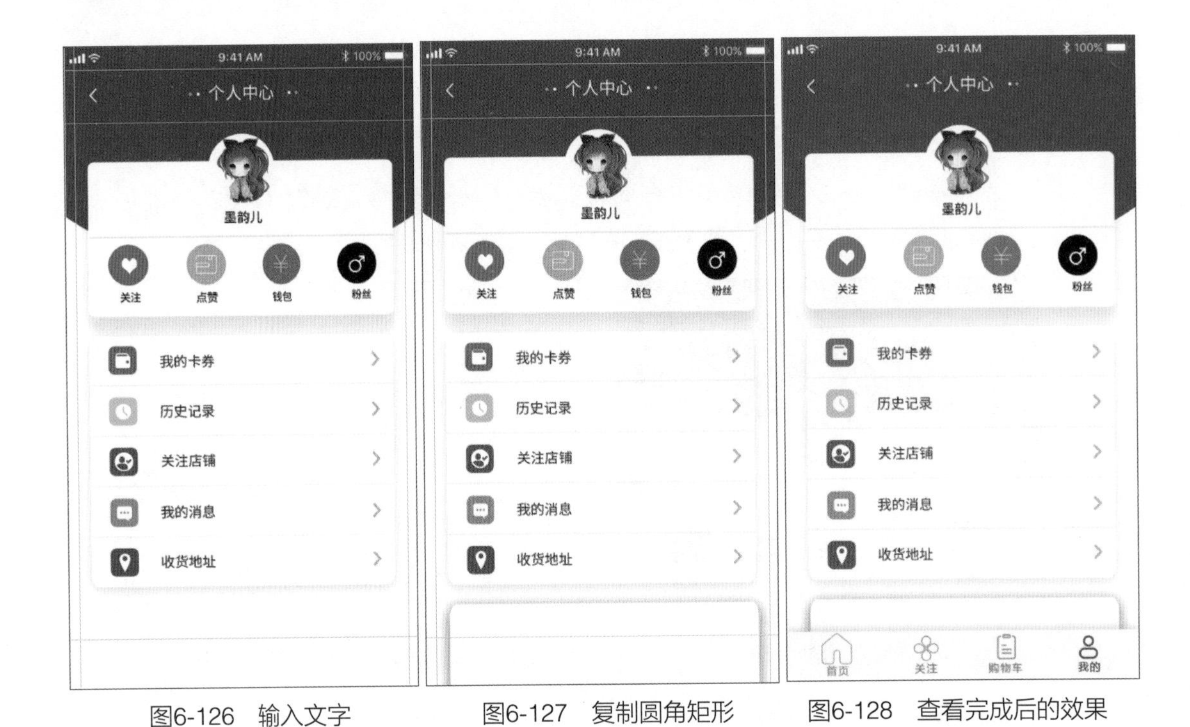

图6-126　输入文字　　图6-127　复制圆角矩形　　图6-128　查看完成后的效果

6.6　项目实训——设计旅游App搜索页界面

项目目的

慕课视频

项目实训——设计旅游App搜索页界面

本项目将设计旅游App中的搜索页界面，该界面主要用于展现搜索首页中未显示的内容，以方便用户进行信息的搜索。本项目将设计以红色为主色的搜索页界面，在界面的最上方是搜索框，下方则为热门风景区的介绍，美观实用，完成后的参考效果如图6-129所示。

图6-129　旅游App搜索页界面效果

制作思路

（1）在Photoshop CC 2019中选择“文件”/“新建”命令，打开“新建文档”对话框，新建“预设详细信息”为“说走就走旅行网搜索页界面”、“宽度”为“1080像素”、“高度”为“1920像素”的图像文件。

（2）选择“矩形工具”，在工具属性栏中设置填充颜色为“#E35C4A”，绘制大小为1080像素×425像素的矩形。

（3）选择“圆角矩形工具”，在工具属性栏中设置填充颜色为“#F5F5F5”，在矩形中绘制大小为1010像素×115像素的圆角矩形。

（4）打开“说走就走旅行网搜索页素材.psd”素材文件（配套资源：\素材\第6章\说走就走旅行网搜索页素材.psd），将其中的状态栏拖曳到图像最上方，然后调整大小和位置。

（5）选择“横排文字工具” T，输入“搜索”“搜你想搜的”文字，设置字体为“思源黑体 CN”，然后调整文字的大小和位置，并设置文本颜色分别为“#FFFFFF”“#999999”。

（6）选择“圆角矩形工具” ，在工具属性栏中设置填充颜色为“#E35C4A”，在矩形下方绘制不同大小的圆角矩形。

（7）在打开的“说走就走旅行网搜索页素材.psd”素材文件中，将火焰标志素材依次拖曳到圆角矩形中，然后调整大小和位置。

（8）选择“横排文字工具” T，输入相应文字，设置字体为“思源黑体 CN”，然后调整文字的大小和位置，并设置文本颜色分别为“#FFFFFF”“#999999”。

（9）选择“自定形状工具” ，在工具属性栏中设置填充颜色为“#BBBBBB”，在“形状”下拉列表框中选择“箭头2”选项，在“更多”文字右侧绘制选择的形状。

（10）选择“圆角矩形工具” ，在工具属性栏中设置填充颜色为“#FC546C”，在“猜你喜欢”文字下方绘制3个大小为340像素×352像素的圆角矩形。

（11）在打开的“说走就走旅行网搜索页素材.psd”素材文件中，将风景图片依次拖曳到圆角矩形中，调整大小和位置，分别按【Ctrl+Alt+G】组合键创建剪贴蒙版。

（12）选择“横排文字工具” T，在图片下方输入所需要的文字，设置字体为“思源黑体 CN”，然后调整文字的大小和位置，并设置文本颜色分别为“#171717”“#A7A7A7”“#FFFFFF”。

（13）选择“圆角矩形工具” ，在工具属性栏中设置填充颜色为“#FC546C”，在“订购”文字下方绘制圆角矩形。

（14）在打开的“说走就走旅行网搜索页素材.psd”素材文件中，将矢量图拖曳到图像中，调整大小和位置。

（15）选择“横排文字工具” T，输入“首页”“搜索”“发现”“用户”文字，然后调整文字的大小和位置，并设置文本颜色分别为“#FA3C81”“#666666”。

（16）按【Ctrl+S】组合键保存文件，完成本例的制作（配套资源：\效果\第6章\说走就走旅行网搜索页.psd）。

思考与练习

（1）使用Photoshop CC 2019设计电商App首页界面，在设计时先制作状态栏，然后制作主体部分，完成后的参考效果如图6-130所示（配套资源：\效果\第6章\电商App首页界面.psd）。

（2）使用Photoshop CC 2019设计电商App购物车页界面，在设计时要将用户的购买信息和结算信息体现出来，完成后的参考效果如图6-131所示（配套资源：\效果\第6章\电商App购物车页界面.psd）。

图6-130　电商App首页界面

图6-131　电商App购物车页界面

Chapter 7

第7章 界面的标注、切图与动效制作

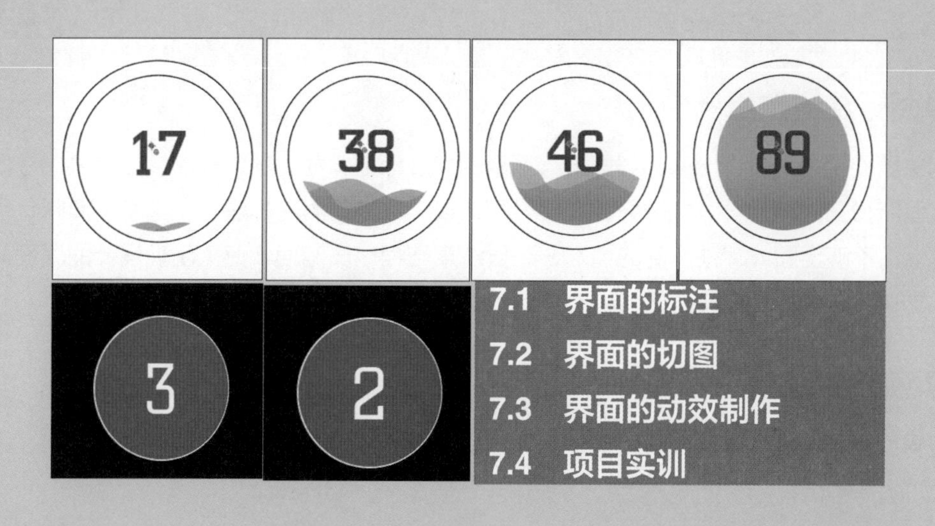

学习引导			
	知识目标	能力目标	情感目标
学习目标	1. 掌握界面的标注 2. 掌握界面的切图 3. 掌握界面的动效制作	1. 能够标注App首页界面 2. 能够对App首页界面进行切图 3. 能够制作加载动效	1. 培养对App各个界面内容的后期整合能力 2. 培养动效设计能力
实训项目	标注App关注页界面		

在UI设计中，标注、切图和动效制作都是不可缺少的步骤。标注可使展现的界面尺寸更加明确，切图则可让界面后期的制作更加便利，而动效制作则可让界面变得生动有趣，提升用户的黏性。本章将对标注、切图、动效制作的相关知识进行介绍。

7.1 界面的标注

标注是UI设计中的一个重要步骤，对设计出的界面进行精确的尺寸标注，不但便于查看，而且有利于后期制作。下面将对界面标注的作用、内容、规范、常用工具分别进行介绍，并标注App首页界面。

慕课视频

界面的标注

7.1.1 界面标注的作用

标注的主要作用是对设计出来的界面进行精确的尺寸标记，为后期的程序设计提供尺寸信息，以保证程序员在程序开发时能较好地实现界面效果。在进行界面标注时，思路要清晰，否则将会造成标注不够全面或标注混乱的情况；还要注意与程序员沟通，避免出现设计的界面效果在程序开发时无法实现的情况。

7.1.2 界面标注的内容

在进行界面标注时，需要掌握界面标注的内容。界面标注的内容通常包括尺寸、文字、间距和颜色，如图7-1所示。

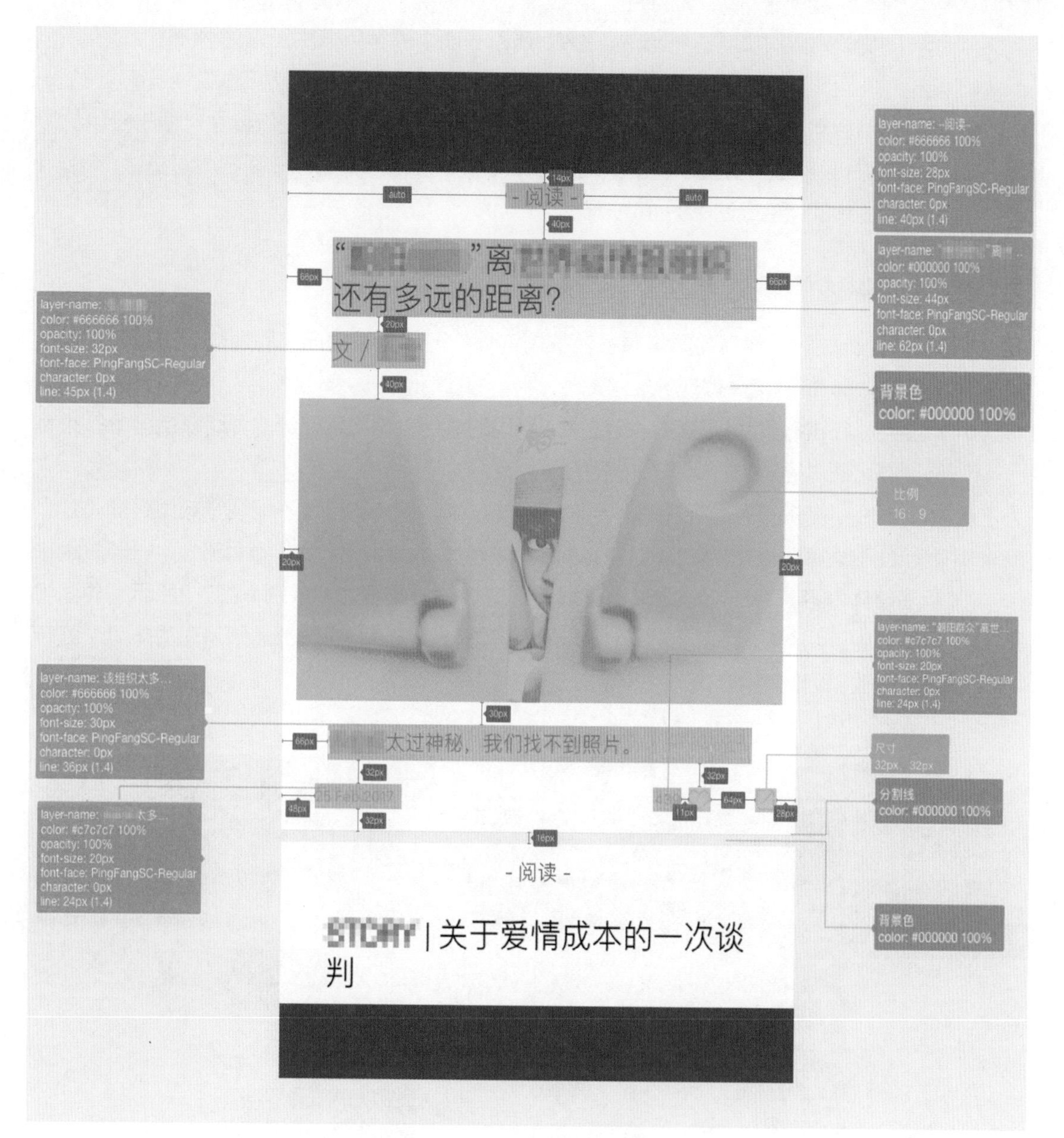

图7-1　添加了标注的界面

- 尺寸。设计人员应对界面上所有需要注明尺寸的内容进行标注，如图标、图片、头像等。若标注对象有圆角，需要对圆角半径进行标注；若标注对象是一些控件，如按钮、列表等，需要明确该控件是否有特殊状态，如选中状态等，若有需要，应将状态明确标出；若标注对象为图片，则需要对图片的尺寸比例进行标注（常用的图片尺寸比例有4：3、16：9等），以便界面后期的制作。图7-1所示界面中的蓝绿色标注即为尺寸标注。
- 文字。设计人员应对需要标注的文字的大小、字体、颜色、透明度、行高等进行标注。在标注时，若文字是动态的，那么需要对动态效果进行标注；若文字过多或需要多行显

示，则需要对整段文字进行标注。图7-1所示界面中的黄色标注即为文字标注。

- 间距。间距即图片、形状等之间的距离。图7-1所示界面中的紫色标注即为间距标注。
- 颜色。颜色即分割线颜色、背景色、按钮颜色等，对这些部分进行标注可便于颜色的识别。在进行标注时切记文字的颜色已经归类到文字属性里面，不需要重复标注。图7-1所示界面中的蓝色标注即为颜色标注。

7.1.3 界面标注的规范

在进行界面标注时，除了需要掌握标注的内容外，还需要掌握标注的规范。该规范主要从标注色、标注方式、精准度来体现。

- 标注色。在进行界面标注时，标注文字所用的颜色应该与所设计的界面颜色区分开来，必要时可通过描边的方式进行内容的区分。
- 标注方式。在进行界面标注时，要注意标注方式，整洁的标注不但视觉效果更加美观，而且便于程序员查找标注信息。在进行标注设计时，可将标注分为两部分，一部分用来标注整体内容，另一部分用来标注细节，这样更加便于他人识别。图7-2所示的界面将标注分为了两个部分，左侧部分对整体内容进行标注，而右侧部分则是对具体某个细节进行标注，因此整体的标注效果更加直观。

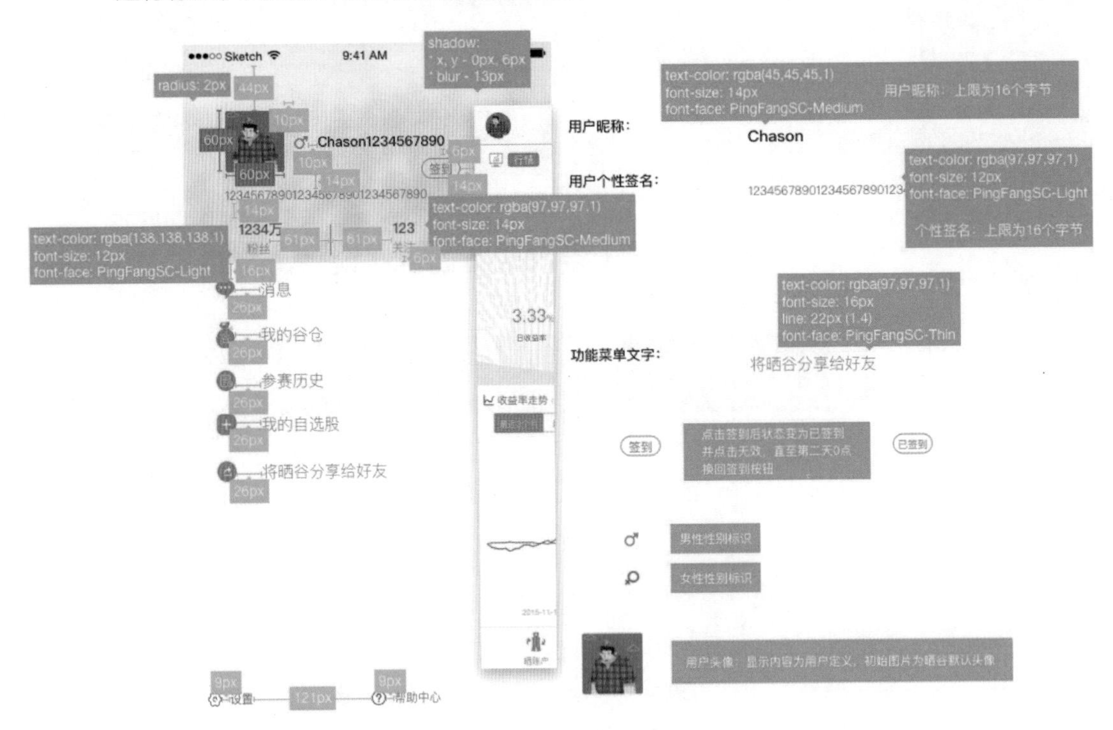

图7-2　标注方式及其效果

- 精准度。在进行界面标注时，还要注意精准度，如两个按钮之间的距离、内容与界面两侧的距离等。

7.1.4 界面标注的常用工具

在进行界面标注前，还需要了解界面标注的常用工具，如Sketch Measure、PxCook、Cutterman、摹客、MarkMan等。

- Sketch Measure。Sketch Measure是一款Sketch自动标注、切图插件。其具有智能识别标注的功能，能快速识别PSD文件的文字、颜色、距离。它的优点在于能将标注、切图这两项功能集成在一个软件内完成，支持Windows和Mac操作系统。
- PxCook。PxCook是一款切图设计工具，支持长度、颜色、区域、文字注释等功能。其具有单位转换、自定义注释文字、实时放大镜、手动修改长度标注的数字、自定义标注的各种颜色等特色功能。
- Cutterman。Cutterman是一款运行在Photoshop中的插件，通过该插件能够自动输出图片，而且支持各种尺寸、格式的图片输出，方便用户在iOS、Android等操作系统中使用。
- 摹客。摹客是一款智能标注和切图工具，具有智能标注、百分比标注、图钉批注等功能。另外，摹客还支持不同类型文件的上传共享，并支持多种产品文档的在线预览，包括Axure、Justinmind、Mockplus的原型演示，Office文档预览，图片文件预览，以及PDF文件和文本文件预览等。
- MarkMan。MarkMan是一款高效的设计稿标注、测量工具，可方便地为设计稿添加标注，极大地节省了设计师在设计稿上添加和修改标注的时间。其具有长度标记、坐标和矩形标记、色值标记、文字标记、长度自动测量、拖动删除标记等功能，支持PSD、PNG、BMP、JPG等多种格式的文件。

7.1.5 设计案例——标注App首页界面

慕课视频

设计案例：标注App首页界面

本案例将使用PxCook对App首页界面进行标注，在操作时不仅要将尺寸、文字、间距、颜色标注出来，还应具备完整性和美观性，其具体操作如下。

（1）启动PxCook，打开PxCook页面，单击“创建项目”按钮，打开“创建项目”对话框，在文本框中输入“App界面”，然后在下方选择“Android”选项，单击“创建本地项目”按钮，如图7-3所示。

（2）将“App首页界面.psd”素材文件（配套资源：\素材\第7章\App首页界面.psd）拖曳到PxCook页面中，打开该界面，如图7-4所示。

（3）双击添加的素材进入编辑区，选择“抓手工具”，将其移动到图像编辑区，然后按住【Alt】键不放，滑动鼠标中间的滚轮，放大图像便于后期操作，如图7-5所示。

（4）选择“智能标注”，再选择导航右侧的圆角矩形，然后选择“生成尺寸标注”，可看到圆角矩形的外侧已经生成标注，接着将生成的标注向上拖曳，调整标注与圆角矩形的间距，效果如图7-6所示。

图7-3　新建项目

图7-4　打开界面

图7-5　放大界面

图7-6　生成圆角矩形的标注

（5）选择导航中间的“速食天下网”文字，再选择“生成文本样式标注”，可发现文字的右侧已生成文字标注。然后在工具属性栏的“颜色”下拉列表框中选择“紫色”选项，并选中“字体名”“字号”“颜色”“对齐”复选框，设置标注的信息。最后调整标注的位置，使其更加便于查看，效果如图7-7所示。

（6）选择“距离标注”，在工具属性栏的“颜色”下拉列表框中选择“绿色”选项，在圆角矩形的右侧向右拖动鼠标指针，绘制间距标注，如图7-8所示。

（7）使用与上一步相同的方法，生成导航其他位置的间距标注。若标注与标注间存在重叠，可调整标注位置使标注内容更加便于识别，如图7-9所示。

（8）选择导航下方的图片，然后选择“生成区域标注” ，可发现图片已经生成标注，然后在工具属性栏的“颜色”下拉列表框中选择“黑色”选项，并选中“中心”单选项，设置标注样式，使内容更加便于识别，效果如图7-10所示。

图7-7　生成文字标注

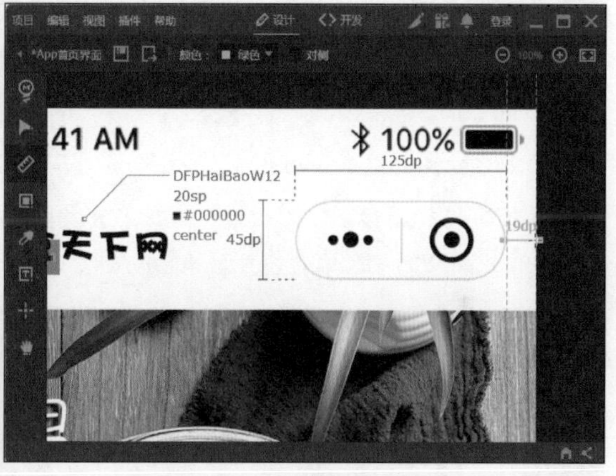

图7-8　生成间距标注

图7-9　生成其他间距标注

图7-10　为图片生成标注

（9）选择“距离标注”，在工具属性栏的“颜色”下拉列表框中选择“绿色”选项，为界面下方的图标绘制间距标注，效果如图7-11所示。

（10）选择“其他”文字，然后选择“生成文本样式标注”，可发现文字的右侧已生成文字标注，然后在工具属性栏的“颜色”下拉列表框中选择“紫色”选项，效果如图7-12所示。

图7-11　生成间距标注

图7-12　生成文字标注

（11）选择“距离标注”，在工具属性栏的“颜色”下拉列表框中选择“绿色”选项，为界面下方的图标绘制间距标注，效果如图7-13所示。

（12）选择图标下方的矩形，选择“矢量图层样式”，可发现矩形已生成颜色标注，然后在工具属性栏的“颜色”下拉列表框中选择“蓝色”选项，最后调整标注的位置，如图7-14所示。

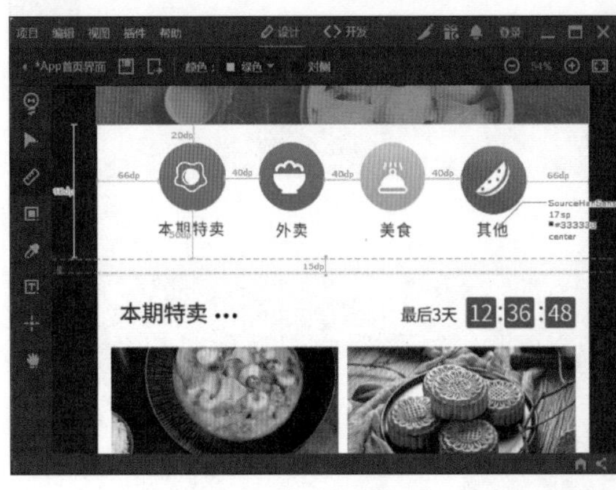

图7-13　生成间距标注

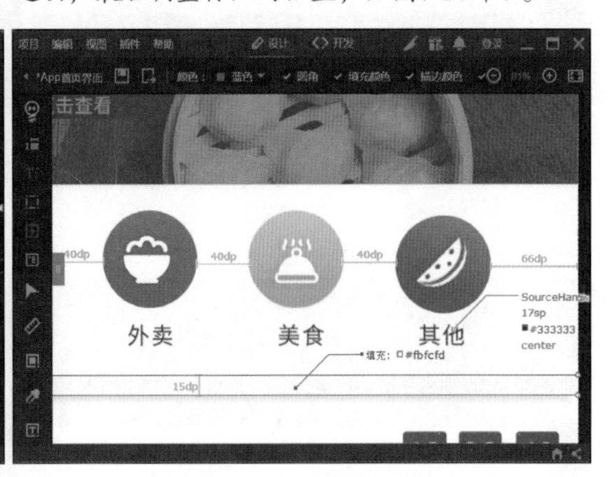

图7-14　生成颜色标注

（13）选择“本期特卖”文字，再选择“生成文本样式标注”，可发现文字的右侧已生成文字标注，然后在工具属性栏的“颜色”下拉列表框中选择“紫色”选项，如图7-15所示。

（14）选择界面右侧的圆角矩形，再选择“矢量图层样式”，可发现圆角矩形已经生成尺寸（圆角半径）和颜色标注，然后在工具属性栏的“颜色”下拉列表框中选择“蓝色”选项，最后调整标注的位置，效果如图7-16所示。

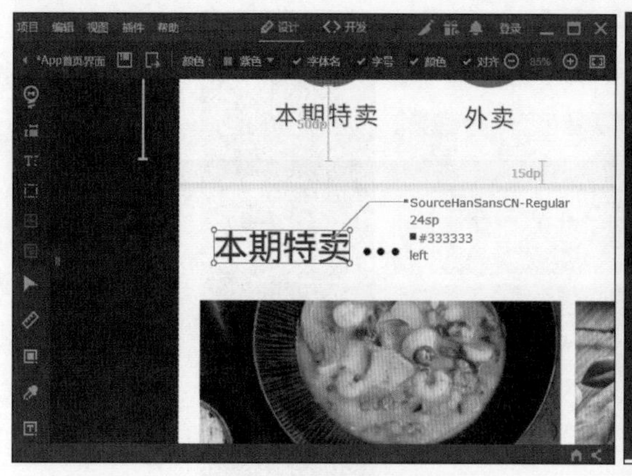

图7-15　生成文字标注

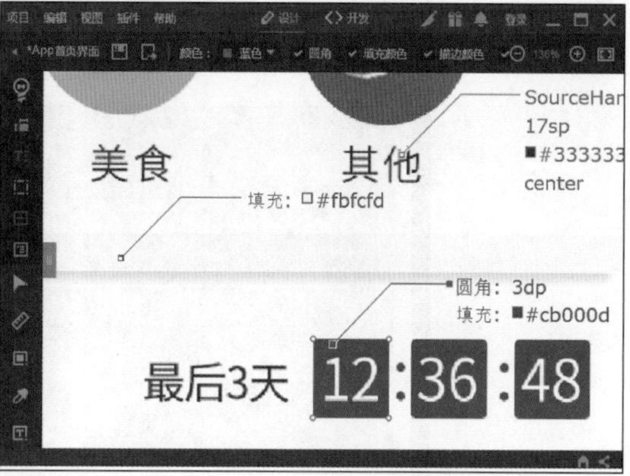

图7-16　生成尺寸和颜色标注

（15）选择界面右侧的圆角矩形中的文字，再选择“生成文本样式标注”，可发现文字的右侧已生成文字标注，然后在工具属性栏的“颜色”下拉列表框中选择“紫色”选项，效果如图7-17所示。

（16）选择界面下方图片，再选择“生成区域标注”，可发现图片已经生成标注，然后在工具属性栏的“填充”下拉列表框中选择“黑色”选项，效果如图7-18所示。

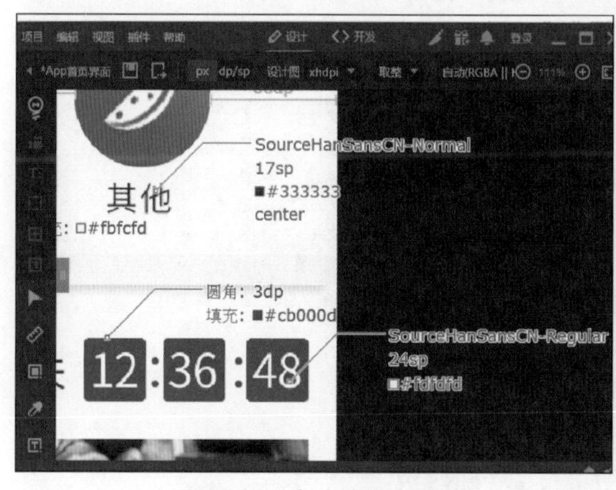

图7-17　生成文字标注

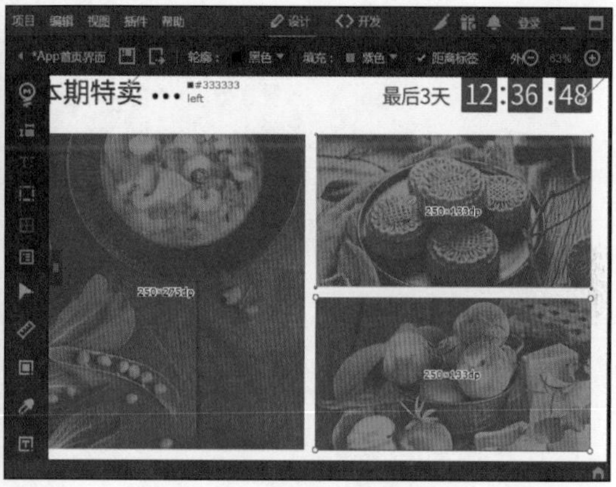

图7-18　为图片生成标注

（17）使用与前面相同的方法，为界面下方的“首页”图标生成间距标注，并为文字添加文字标注，完成后的效果如图7-19所示。

（18）选择“视图”/“画板背景色”/“浅灰”命令，调整整个视图的颜色，然后按【Ctrl+S】组合键，打开“保存pxcp标注项目文件”对话框，设置文件保存的名称，并单击“保存”按钮。

（19）按【Ctrl+T】组合键，打开“导出PNG格式标注图”对话框，设置文件保存的名称，并单击“保存”按钮，完成后的效果如图7-20所示（配套资源：\效果\第7章\App界面.pxcp、App首页界面.png）。

图7-19　生成其他标注

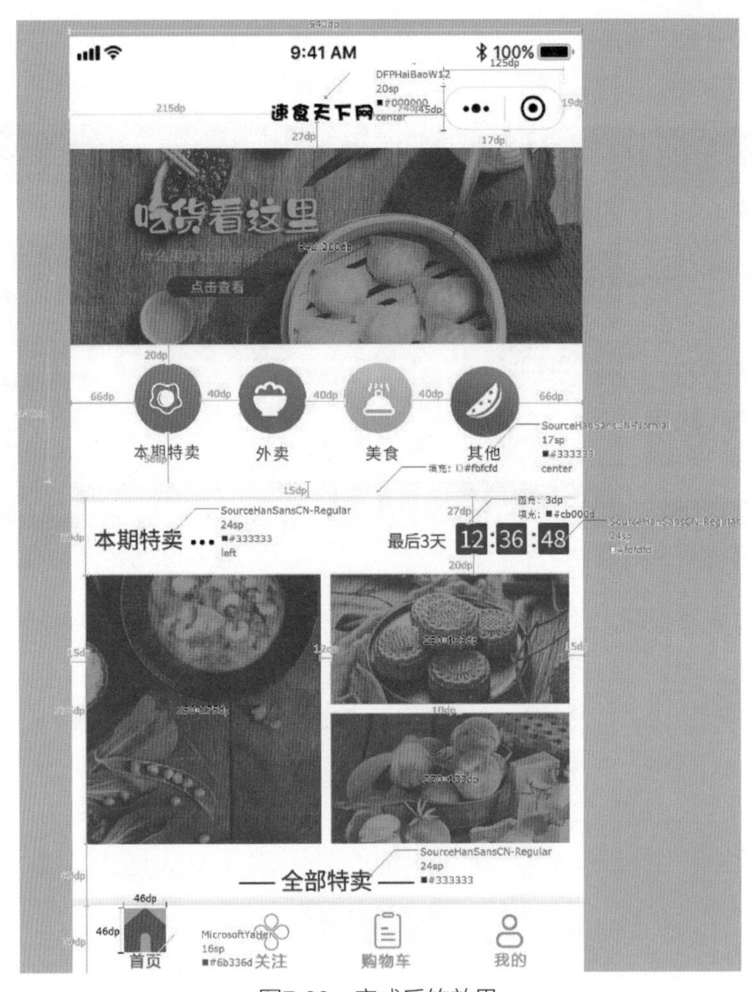

图7-20　完成后的效果

7.2 界面的切图

界面的切图

切图是UI设计中十分重要的一种设计输出方式，切图资源输出是否规范直接影响到程序员对设计效果的还原度。合适、精准的切图可以最大限度地还原设计图，起到事半功倍的效果。下面将先对切图的原则、切图的要点、切图的命名规则进行介绍，再通过案例讲解切图的方法。

7.2.1 切图的原则

切图是UI设计中不可或缺的一部分，能提升图片内容的加载速度，也能为程序员的开发工作提供方便。下面将对切图的原则进行介绍。

- 高保真效果。切图应该保证切图输出效果能够满足设计人员对设计效果图的高保真和还原需求。
- 降低工作量。切图时应该尽可能地降低程序员的开发工作量，避免因切图不规范而产生不必要的工作量。
- 降低文件量。输出的切图应降低整个效果文件的文件量，提升用户使用时的加载速度。输出的切图应当切图精准、能降低压缩文件的文件量。

7.2.2 切图的要点

在进行切图前需要先掌握切图的要点，下面分别对其进行介绍。

- 切图资源尺寸必须为双数。智能手机的屏幕大小都是双数值，因此切图尺寸必须为双数，以保证切图效果能高清显示。
- 图标切图应考虑手机适配问题，根据标准尺寸输出。图标是切图输出中至关重要的部分。由于机型的不同，其对应的屏幕分辨率也不相同，因此图标的大小需要针对机型进行配置。通常图标在切图的时候需要输出@2x和@3x的切图。

认识@1x、@2x和@3x

- 尽量降低图片文件的文件量。当完成切图后，还需要对切图图片进行资源输出，但输出的图片往往文件量较大，不利于用户在使用App的过程中加载页面，因此要尽量压缩切图图片的文件量，使其更加便于浏览。
- 要避免切图遗漏。在切图过程中，要注重切图的完整性，避免切图遗漏。

1px是智能手机能够识别的最小单位，所以使用单数尺寸切图会使手机系统自动拉伸切图图片，从而导致切图元素边缘模糊，造成App界面效果与原设计效果差距甚远。

7.2.3 切图的命名规则

完成切图后，还需要对切图进行命名，便于后期的使用与查看。常见的切图命名规则包括界面命名、系统控件库命名、功能命名、资源类型命名、常见状态命名和位置排序命名6个部分，如图7-21所示。

界面命名

整个主程序	App	搜索结果	Search results	活动	Activity	信息	Messages
首页	Home	应用详情	App detail	探索	Explore	音乐	Music
软件	Software	日历	Calendar	联系人	Contacts	新闻	News
游戏	Game	相机	Camera	控制中心	Control center	笔记	Notes
管理	Management	照片	Photo	健康	Health	天气	Weather
发现	Find	视频	Video	邮件	Mail	手表	Watch
个人中心	Personal center	设置	Settings	地图	Maps	锁屏	Lock screen

系统控件库命名

状态栏	Status bar	搜索栏	Search bar	提醒视图	Alert view	弹出视图	Popovers
导航栏	Navigation bar	表格视图	Table view	编辑菜单	Edit menu	开关	Switch
标签栏	Tab bar	分段控制	Segmented Control	选择器	Pickers	弹窗	Popup
工具栏	Tool bar	活动视图	Activity view	滑杆	Sliders	扫描	Scanning

功能命名

确定	Ok	添加	Add	卸载	Uninstall	选择	Select
默认	Default	查看	View	搜索	Search	更多	More
取消	Cancel	删除	Delete	暂停	Pause	刷新	Refresh
关闭	Close	下载	Download	继续	Continue	发送	Send
最小化	Min	等待	Waiting	导入	Import	前进	Forward
最大化	Max	加载	Loading	导出	Export	重新开始	Restart
菜单	Menu	安装	Install	后退	Back	更新	Update

资源类型命名

图片	Image	滚动条	Scroll	进度条	Progress	线条	Line
图标	Icon	标签	Tab	树	Tree	蒙版	Mask
静态文本框	Label	勾选框	Checkbox	动画	Animation	标记	Sign
编辑框	Edit	下拉框	Combo	按钮	Button	动画	Animation
列表	List	单选框	Radio	背景	Backgroud	播放	Play

常见状态命名

普通	Normal	获取焦点	Focused	已访问	Visited	默认	Default
按下	Press	点击	Highlight	禁用	Disabled	选中	Selected
悬停	Hover	错误	Error	完成	Complete	空白	Blank

位置排序命名

顶部	Top	底部	Bottom	第二	Second	页关	Header
中间	Middle	第一	First	最后	Last	页脚	Footer

图7-21 常见的切图命名规则

当认识了切题各个部分的命名后，还需要掌握如何精准对切图命名。如一张图标切图，需要对该图标是什么、在哪里、第几张、状态等进行介绍，以帮助后期的程序员查找与选择，图7-22所示为图标的命名。

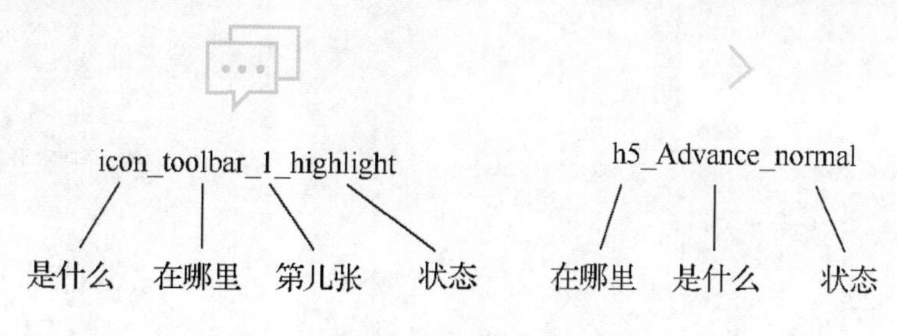

图7-22　图标的命名

7.2.4 设计案例——对App首页界面进行切图

本案例将使用Photoshop CC 2019和PxCook对App首页界面进行切图，并对图标切图进行命名，便于后期的使用与查找，其具体操作如下。

慕课视频

设计案例：对App首页界面进行切图

（1）在Photoshop CC 2019中打开“App首页界面图标.psd”素材文件（配套资源：\素材\第7章\App首页界面图标.psd），如图7-23所示，然后选择“编辑”/“远程连接”命令。

（2）打开“首选项”对话框，选中“启用远程连接”复选框，在“密码”文本框中输入设置的密码，这里输入“000000”，单击“确定”按钮，如图7-24所示。

图7-23　打开素材

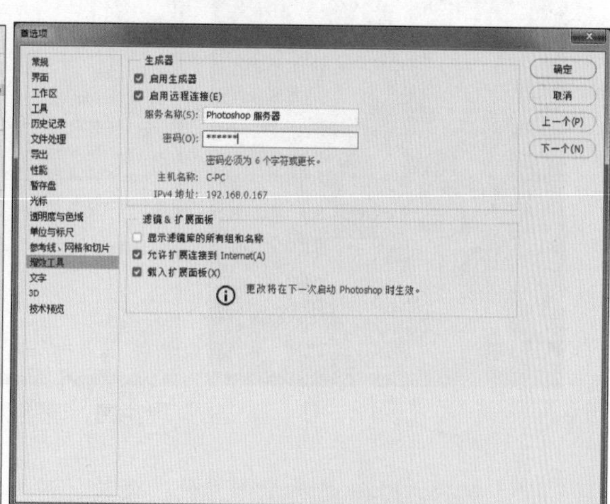

图7-24　设置密码

（3）启动PxCook，单击“PS切图工具”按钮，打开“切图工具”对话框，在对话框下方的文本框中输入设置的远程连接密码，单击“开始使用”按钮，如图7-25所示。

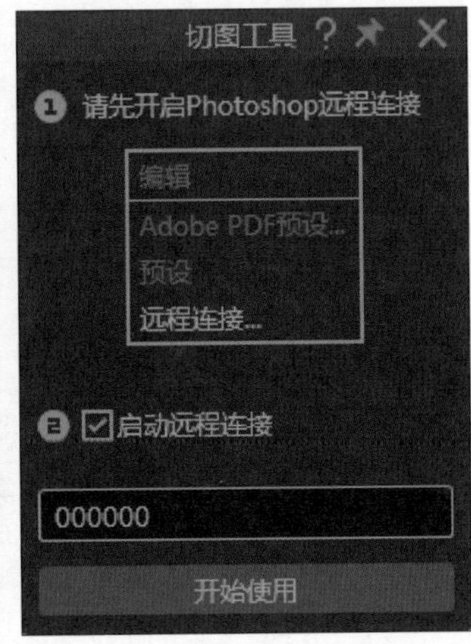

图7-25　输入设置的远程连接密码

（4）在“切图工具”对话框中，选择“iOS”选项，再在“设计”下拉列表框中选择“@2x”选项，然后选中“修改尺寸”复选框，设置“W”和“H”的值均为“144px”，最后单击“浏览”按钮■，打开“选择输出目录”对话框，设置切图的保存位置，单击“选择文件夹”按钮，返回“切图工具”对话框，如图7-26所示。

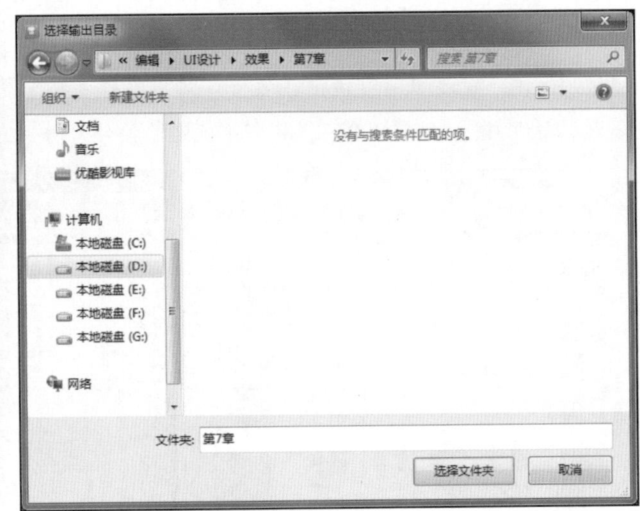

图7-26　设置切换参数

（5）切换到Photoshop应用软件，选择“路径选择工具”■，再选择需要切图的图标。这里选择“本期特卖”图标对应的所有图层，打开“图层”面板，单击鼠标右键，在弹出的快捷菜单中选择“合并图层”命令。然后双击合并后的图层名称，使其呈可编辑状态，输入“图标1”，如图7-27所示。

（6）切换到“切图工具”对话框，单击“切所选图层”按钮，打开“切图提示”对话框，单击“知道了”按钮，切所选图层，如图7-28所示。

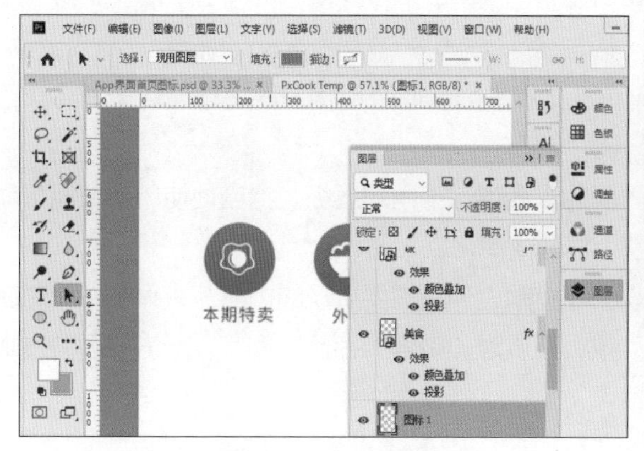

图7-27　合并图层

图7-28　切所选图层

（7）稍等片刻即可完成切图操作。在“切图工具”对话框中单击“打开文件夹”按钮▣，可查看切图效果，如图7-29所示。

（8）使用与前面相同的方法对其他图标进行切图，完成后单独创建文件夹，并对图标名称进行修改，效果如图7-30所示（配套资源：\效果\第7章\首页图标\）。

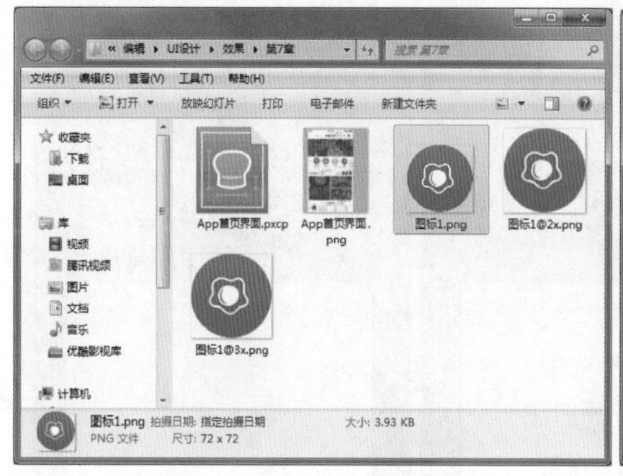

图7-29　查看图标1的切图效果

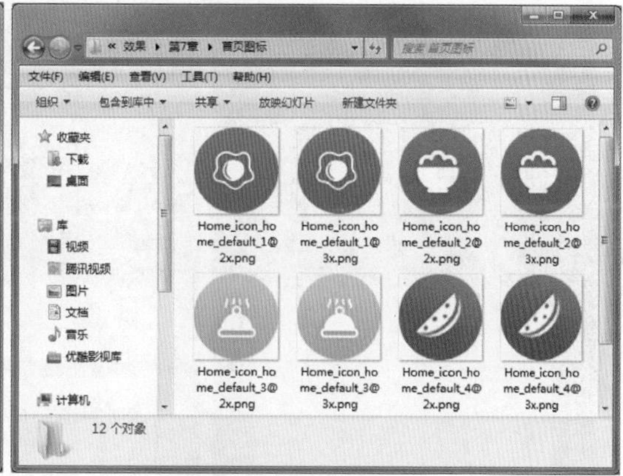

图7-30　切图完成后的效果

高手点拨

在进行切图时，设置的切图尺寸需要与图标的尺寸相同，否则将会造成切图效果不完整而无法使用的情况。

7.3　界面的动效制作

在进行界面设计时，好的动效不仅能起到功能引导的作用，还能提升用户的操作体验，以增加界面的吸引力。下面将从界面动效的作用和类型两个方面讲解动效的基础知识，然后通过案例讲解动效的制作方法。

7.3.1 界面动效的作用

动效是界面内容的一种展现方式，具有视觉展现力，能吸引用户的注意力。下面将介绍最常见的界面动效的两种作用。

- 层级展示。在设计的界面中，若界面的元素存在不同的层级，恰当地使用动效能帮助用户厘清元素的前后位置关系，使整个界面简单化。
- 空间扩展。在界面设计时，可展现空间有限，但是需要展现的内容却有很多，此时就可添加折叠、翻转、缩放等形式的动效，拓展附加内容的存储空间，以渐进展示的方式展现内容，从而减轻用户的认知负担。

7.3.2 界面动效的类型

界面动效主要有功能型动效、加载动效、按钮动效3种，下面将分别对其进行介绍。

- 功能型动效。功能型动效是一种嵌入UI设计中的动画，该动效不仅能提升用户的体验，还能起到转换页面空间、反馈视觉信息、引导功能操作等作用。图7-31所示为在界面中使用的功能型动效，能起到读取内容的作用。

图7-31 界面中能读取内容的功能型动效

- 加载动效。加载动效通常以形象物出现、形象物动态、转圈、Logo出现、Logo动态5种形式为主，常用于进度条的制作。图7-32所示为普通的进度条加载动效。

图7-32　普通的进度条加载动效

- 按钮动效。按钮动效是UI设计中较常见的动效。该动效能通过按钮使用户与界面产生互动，从而形成操作与内容的交互，不仅能增加用户的参与感，还能提升用户的点击欲望。图7-33所示为关注按钮的点击动效。

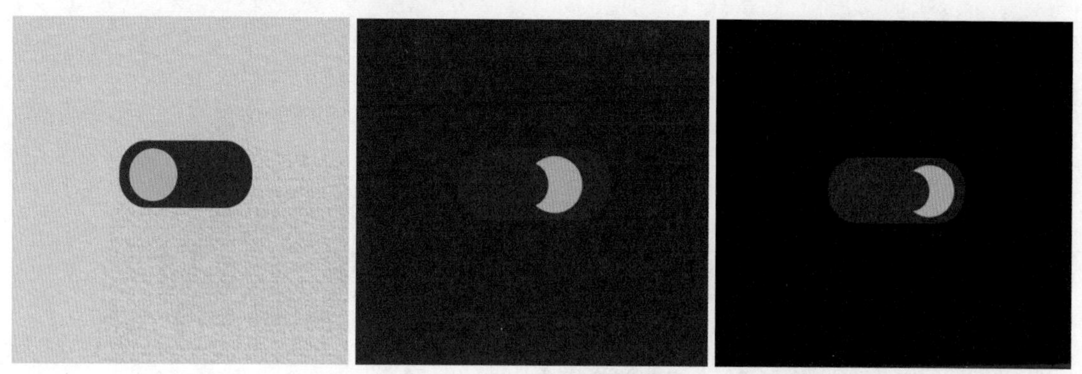

图7-33　关注按钮的点击动效

7.3.3　设计案例——制作加载动效

慕课视频

设计案例：制作加载动效

本案例将使用After Effects CC 2018制作加载动效。在制作时先绘制水上涨和波动的效果，然后进行动效的编辑，完成后的效果有水上涨动态，其具体操作如下。

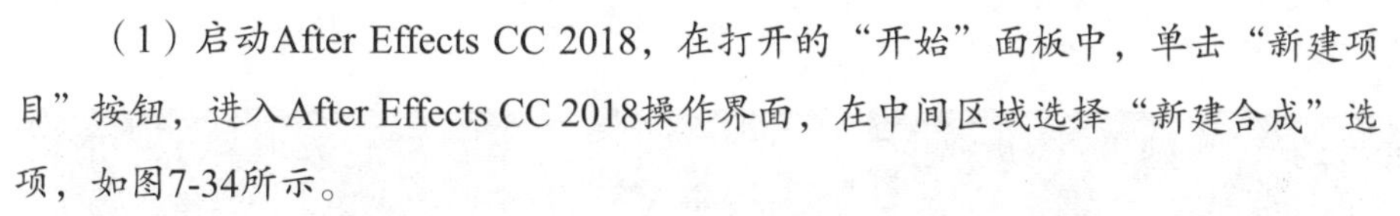

（1）启动After Effects CC 2018，在打开的“开始”面板中，单击“新建项目”按钮，进入After Effects CC 2018操作界面，在中间区域选择“新建合成”选项，如图7-34所示。

（2）打开“合成设置”对话框，设置“合成名称”“预设”“宽度”“高度”“帧速率”分别为“加载动效”“自定义”“800px”“600px”“30帧/秒”，并设置“持续时间”为“0:00:04:00”、“背景颜色”为“#FFFFFF”，完成后单击“确定”按钮，如图7-35所示。

（3）在工具栏中选择“矩形工具”■，然后单击“填充”选项右侧的色块，打开“形状填充颜色”对话框，设置填充颜色为“#F09E3C”，单击“确定”按钮，如图7-36所示。

（4）在图像编辑区的中间区域绘制矩形，效果如图7-37所示。

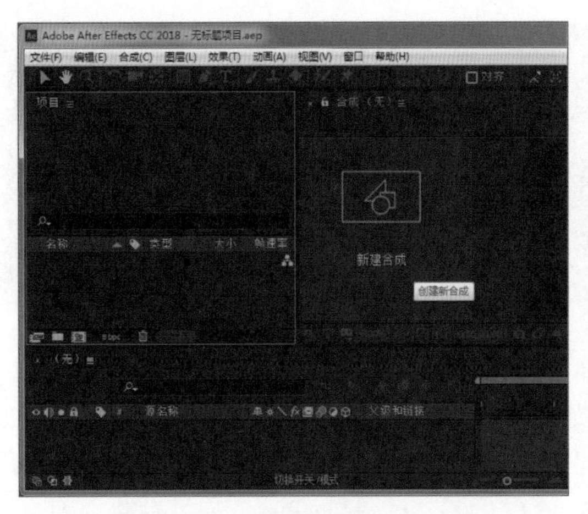

图7-34　选择“新建合成”选项

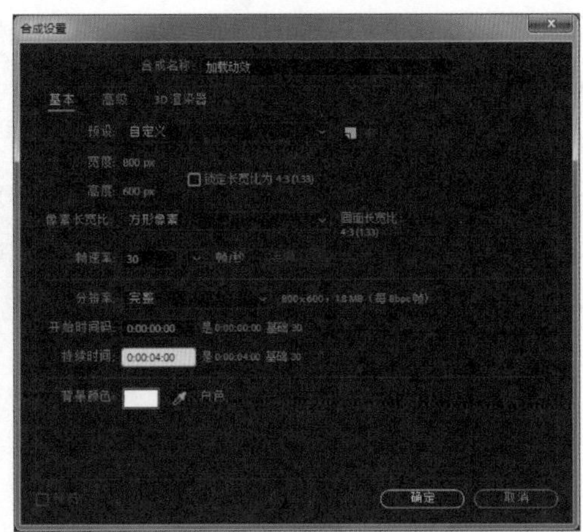

图7-35　“合成”设置

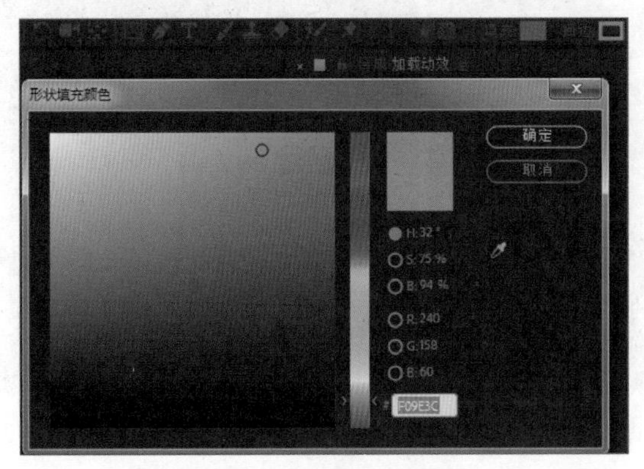

图7-36　设置填充颜色

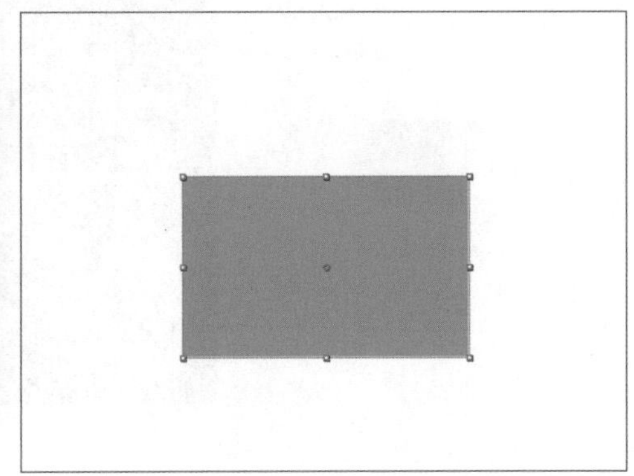

图7-37　绘制矩形

（5）在“时间轴”面板的左侧单击“矩形 1”栏左侧的下拉按钮，展开矩形列表，然后在“矩形路径 1”列表中取消选中“大小”栏右侧的复选框，设置大小为“600.0”“300.0”，如图7-38所示。

（6）在“矩形路径 1”栏单击鼠标右键，在弹出的快捷菜单中选择“转换为贝塞尔曲线路径”命令，如图7-39所示。

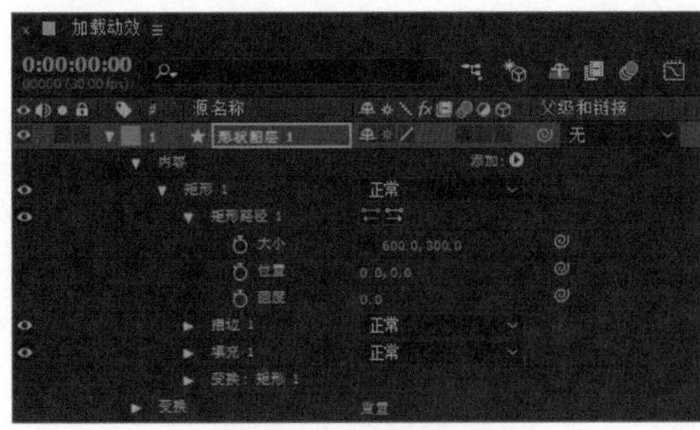

图7-38　设置矩形大小

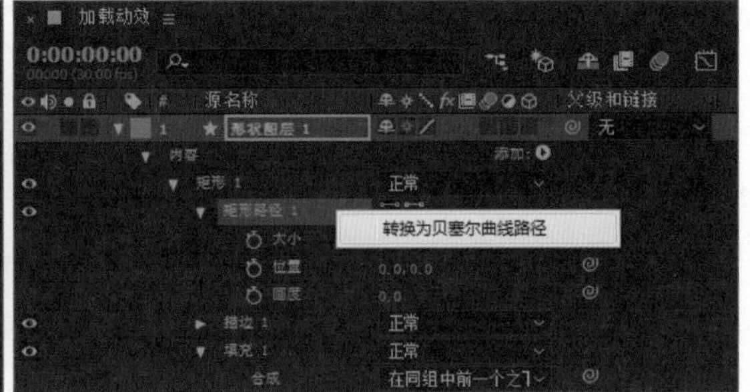

图7-39　将矩形转换为贝塞尔曲线路径

（7）在工具栏中选择“添加‘顶点’工具”，然后单击图像的中点，并按住【Alt】键向下拖曳鼠标指针，使其形成波浪形，如图7-40所示。

（8）在左右两侧单击以添加顶点，然后采用步骤（7）的方法调整线的形状，使其形成波浪形，如图7-41所示。

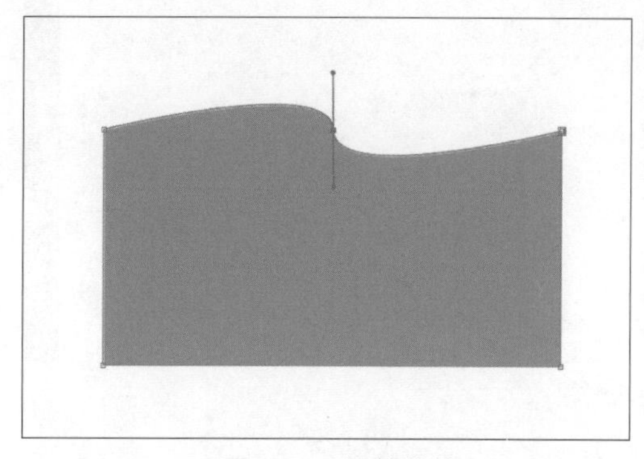

图7-40　调整曲线

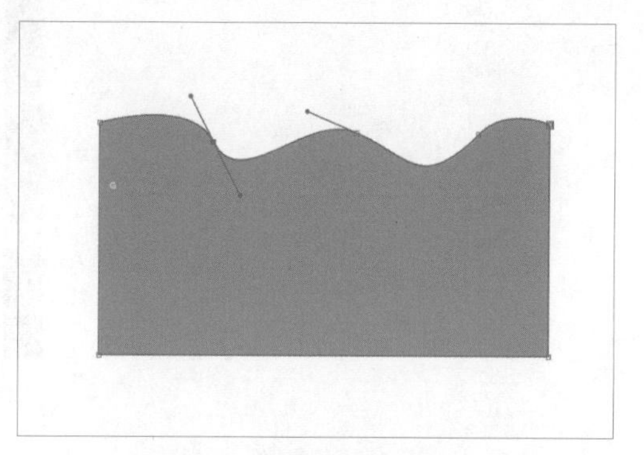

图7-41　调整波浪形

（9）在“时间轴”面板的“形状图层 1”图层中，按【Ctrl+D】组合键复制形状，再设置“描边”的“不透明度”为“0%”、“填充”的“不透明度”为“60%”，然后使用相同的方法对另外一个矩形设置“填充”和“描边”的“不透明度”，如图7-42所示。

（10）选择“选取工具”，再选择绘制的形状，调整其位置，使其形成起伏的波浪效果，如图7-43所示。

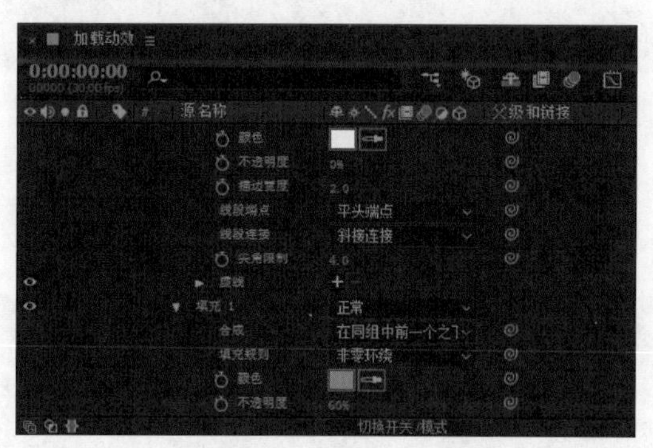

图7-42　设置“不透明度”

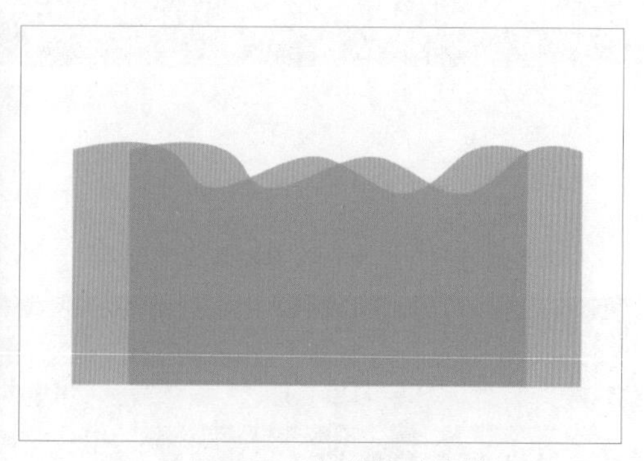

图7-43　起伏的波浪效果

（11）按住【Ctrl】键不放，依次选择形状图层，按【P】键显示位置，然后单击按钮，确定关键帧，如图7-44所示。

（12）拖动时间指示器到“15f”处，确定时间轴位置，如图7-45所示。

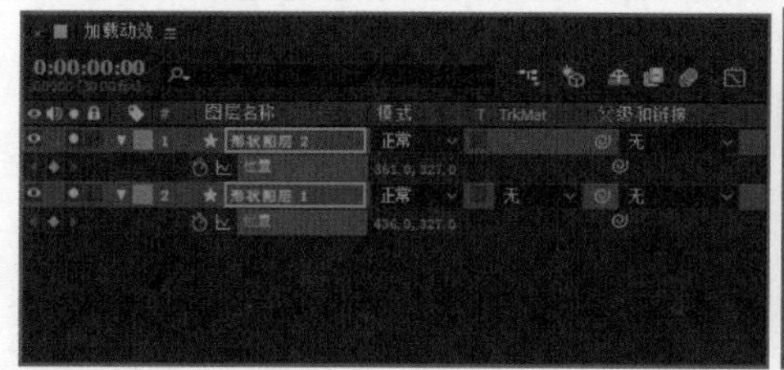

图7-44　确定关键帧

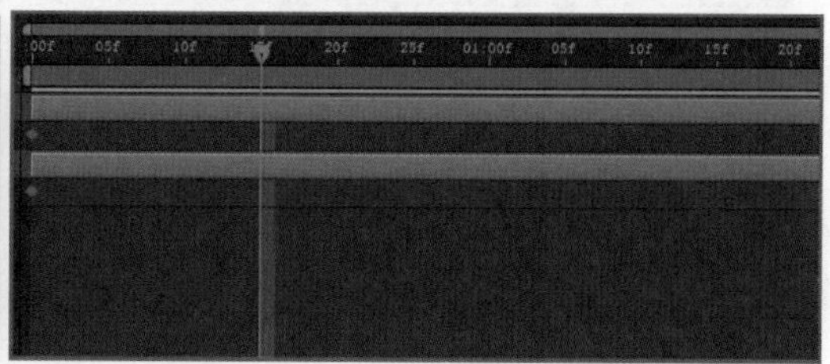

图7-45　确定时间轴位置

（13）在图像编辑区的中间区域确定一点，然后将其先向上再向下拖曳，确定动效效果，如图7-46所示。

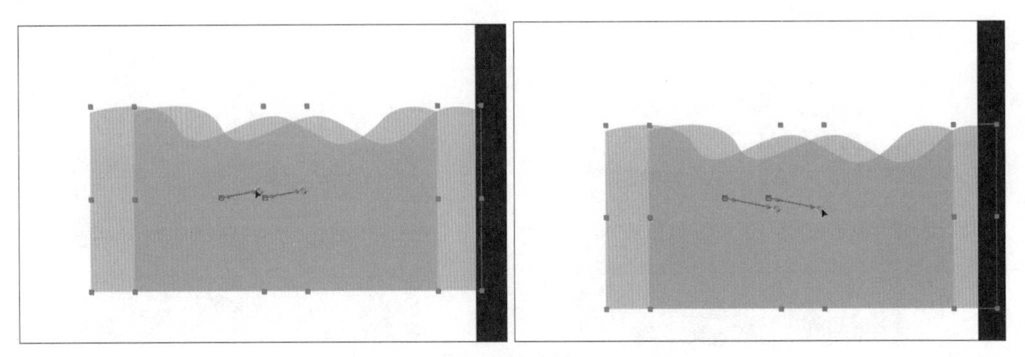

图7-46　调整动效

（14）选择关键帧，按【Ctrl+C】组合键复制关键帧，然后将时间指示器拖曳到“03:00f”处，按【Ctrl+V】组合键粘贴关键帧，如图7-47所示。

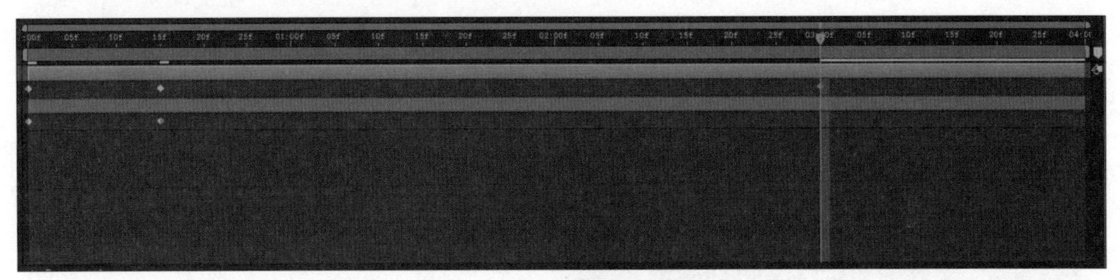

图7-47　复制粘贴关键帧

（15）按住【Shift】键不放依次选择所有关键帧，按【F9】添加缓动效果，然后全选图层，在其上单击鼠标右键，在打开的快捷菜单中选择“预合成”命令，如图7-48所示。

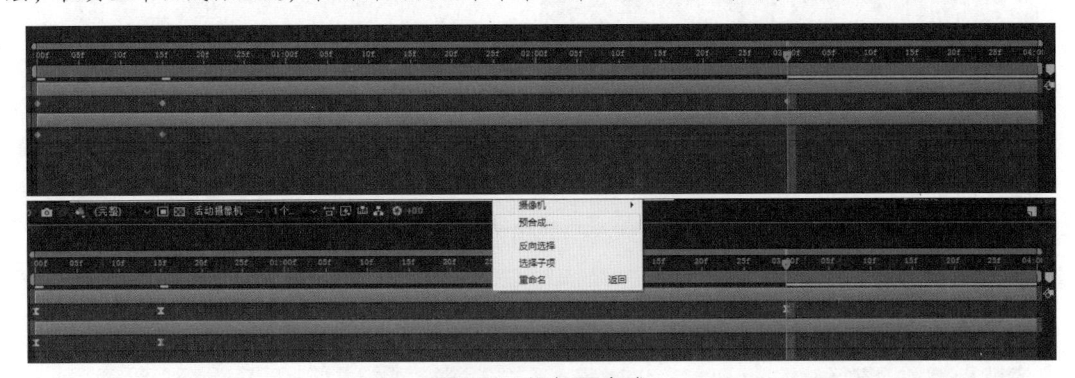

图7-48　添加预合成

（16）打开“预合成”对话框，在“新合成名称”文本框中输入“波浪”，单击“确定”按钮，如图7-49所示。

（17）隐藏制作的波浪，在工具栏中选择“椭圆工具”，然后单击“填充”两字，打开“填充选项”对话框，选择“无”选项取消填充，然后单击“确定”按钮，如图7-50所示。

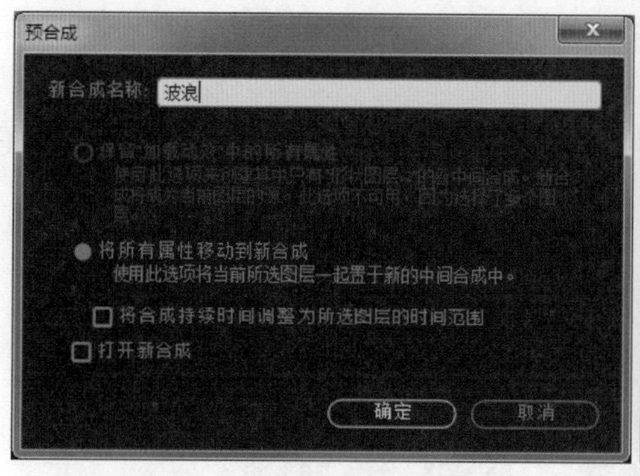

图7-49 “预合成”对话框

图7-50 取消填充

（18）设置描边颜色为“#000000”、描边宽度为“3像素”，然后在图像的中间区域绘制大小为300像素×300像素的圆形，如图7-51所示。

（19）选择“时间轴”面板的“形状图层 1”图层，按【Ctrl+D】组合键复制两个圆形，并分别修改大小为340像素×340像素、400像素×400像素，效果如图7-52所示。

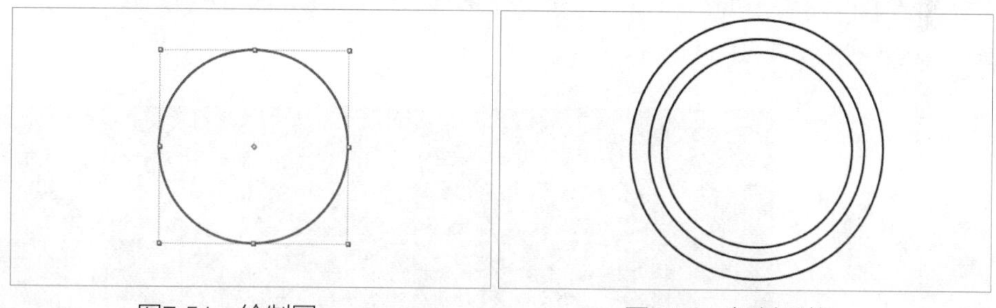
图7-51 绘制圆　　图7-52 复制形状

（20）选择最小的圆形，在“填充选项”对话框中选择“线性渐变”选项，然后单击“确定”按钮。返回“时间轴”面板，展开小圆的图层，在颜色栏中单击“编辑渐变”超链接，如图7-53所示。

（21）打开“渐变编辑器”对话框，设置渐变颜色为“#F09E3C～#F99858～#FC6500”，单击“确定”按钮，如图7-54所示。

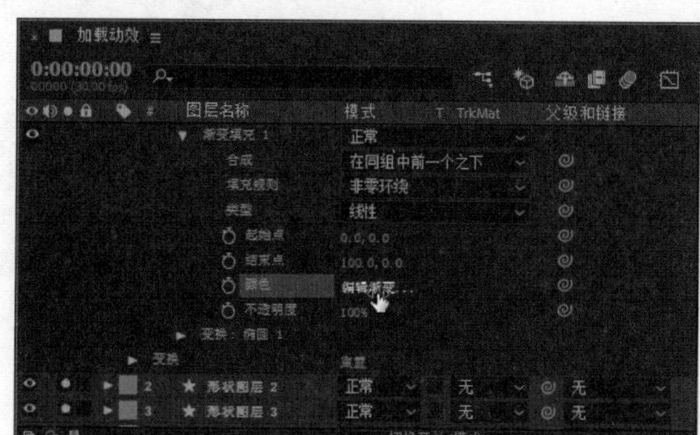

图7-53 单击“编辑渐变”超链接

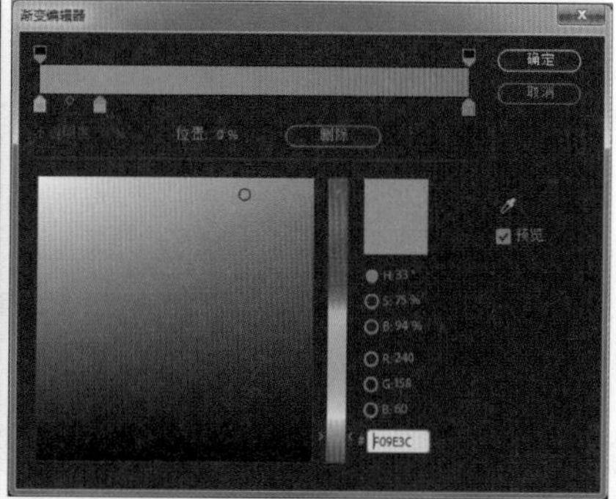

图7-54 设置渐变颜色

（22）添加渐变颜色，然后设置描边颜色为“#FFFFFF”，效果如图7-55所示。

（23）显示前面隐藏的波浪效果，将其移动到渐变圆形的上方，单击“形状图层1”图层的“轨道遮罩”下拉按钮，在打开的下拉列表中选择“Alpha遮罩‘[波浪]’”选项，如图7-56所示。

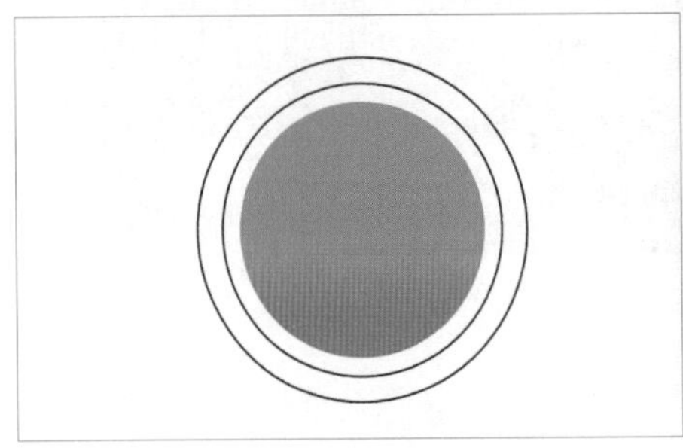

图7-55　设置描边颜色

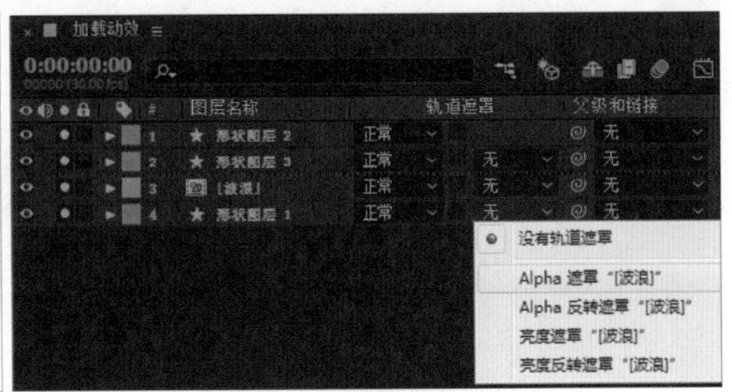

图7-56　设置轨道遮罩

（24）查看效果可发现，图像已呈现出渐变波浪效果，如图7-57所示。

（25）将时间指示器移动到“01:00f”处，选择“波浪”图层，按【P】键显示位置，然后单击按钮，确定关键帧，如图7-58所示。

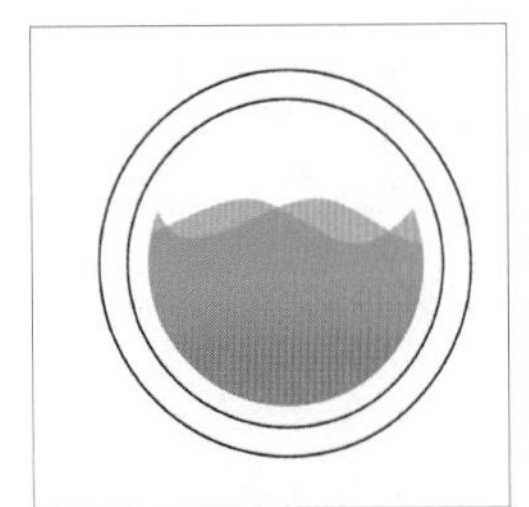

图7-57　查看完成后的效果

图7-58　确定关键帧

（26）在图像编辑区的中间区域确定一点，然后向上拖曳以确定动效的顶点，如图7-59所示。

（27）将时间指示器移动到“00:00f”位置，拖曳波浪调整点到图像底部看不见的区域以确定动效的底点，添加关键帧，如图7-60所示。

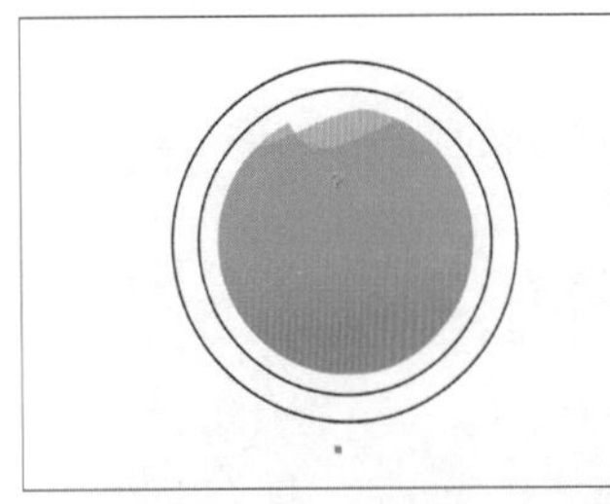

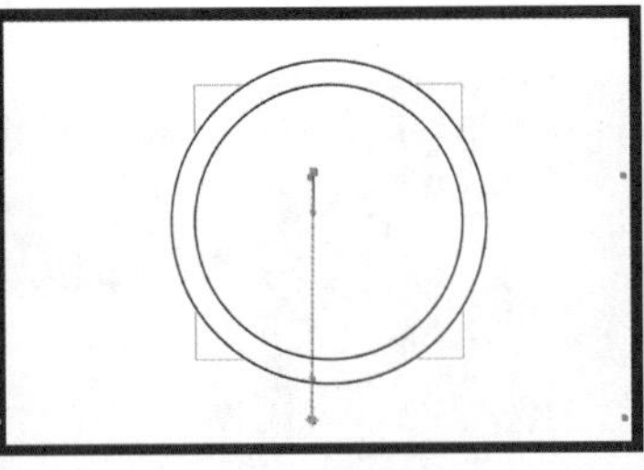

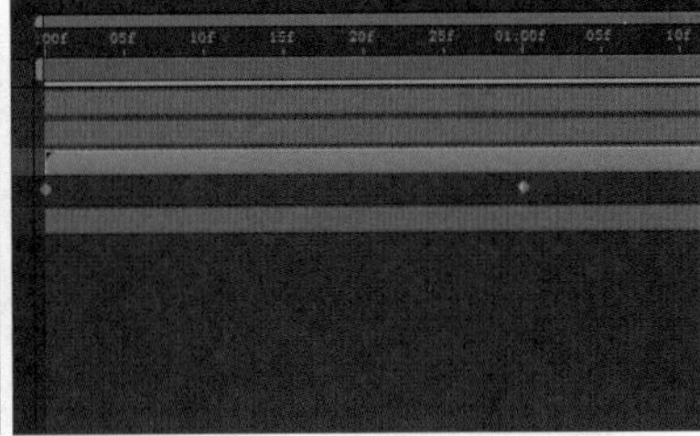

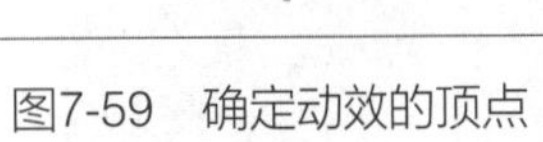

图7-59　确定动效的顶点

图7-60　确定动效的底点

（28）将时间指示器移动到“01:00f”处，选择关键帧，按【Ctrl+C】组合键复制关键帧，然后将时间指示器拖曳到“03:00f”处，按【Ctrl+V】组合键粘贴关键帧。将时间指示器拖曳到“00:00f”处，选择关键帧，按【Ctrl+C】组合键复制关键帧，然后将时间指示器拖曳到

“04:00f”处，按【Ctrl+V】组合键粘贴关键帧，如图7-61所示。

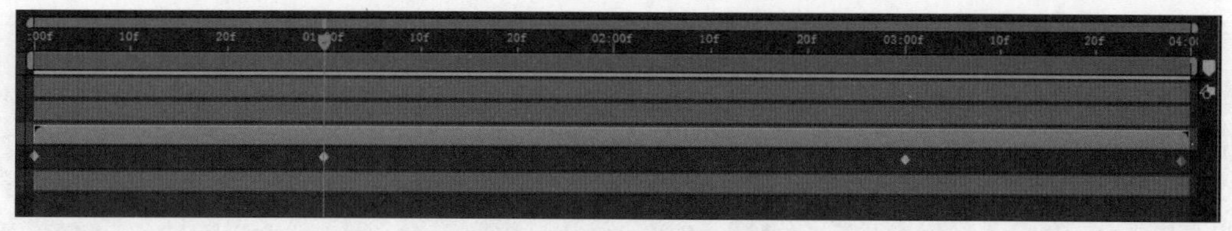

图7-61 复制粘贴关键帧

（29）按住【Shift】键不放依次选择所有关键帧，按【F9】添加缓动效果，如图7-62所示。

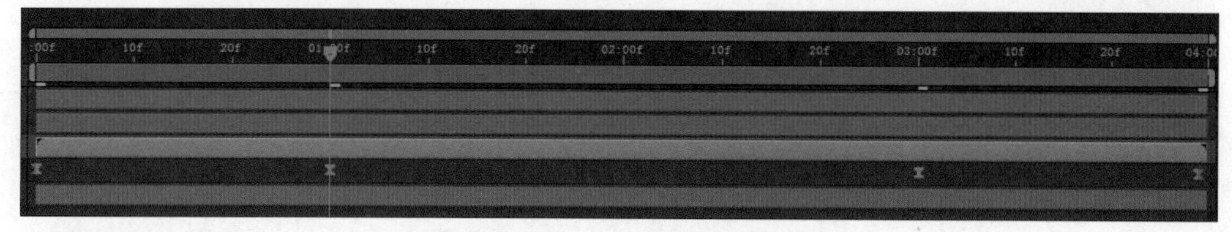

图7-62 添加缓动效果

（30）在“时间轴”面板左侧区域单击鼠标右键，在打开的快捷菜单中选择“新建”/“文本”命令，新建文本图层，如图7-63所示。

（31）选择文本图层，选择“效果”/“文本”/“编号”命令，打开“编号”对话框，在“字体”下拉列表框中选择“SquareSlab711 Lt BT”选项，在“样式”下拉列表框中选择“Medium”选项，然后选中“水平”和“居中对齐”单选项，最后单击“确定”按钮，如图7-64所示。

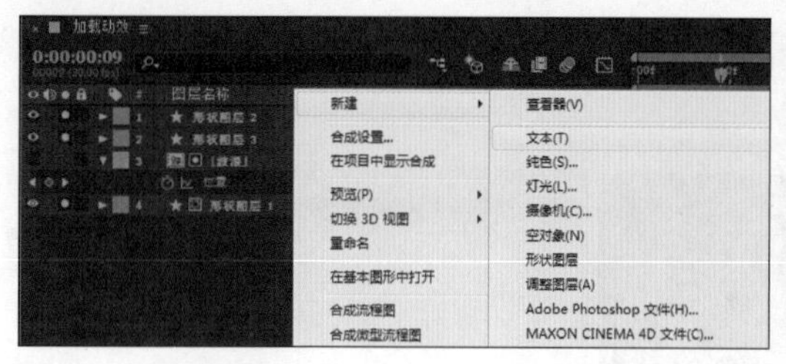

图7-63 选择“文本”命令

图7-64 “编号”对话框

（32）在打开的面板中设置“小数位数”“填充颜色”“大小”分别为“0”“#902D01”“130.0”，如图7-65所示，然后调整编号位置。

（33）将时间指示器拖曳到“0:00f”位置，依次展开文本图层，在“随机最大”栏中单击按钮，确定关键帧，如图7-66所示。

（34）将时间指示器拖曳到“01:00f”位置，然后在“随机最大”栏右侧的数值框中输入“99.00”，此时“01:00f”位置处将自动标记为关键帧，如图7-67所示。

（35）将时间指示器拖曳到“01:00f”处选择关键帧，按【Ctrl+C】组合键复制关键帧，然后将时间指示器拖曳到“03:00f”处，按【Ctrl+V】组合键粘贴关键帧。将时间指示器拖曳到“00:00f”处选择关键帧，按【Ctrl+C】组合键复制关键帧，然后将时间指示器拖曳到“04:00f”

处，按【Ctrl+V】组合键粘贴关键帧，按空格键即可预览效果，如图7-68所示。

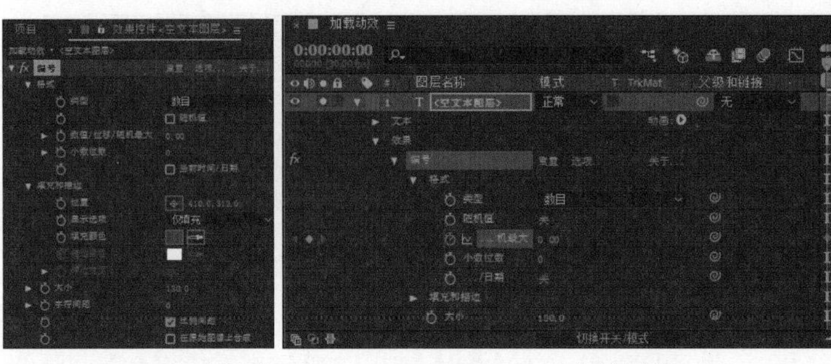

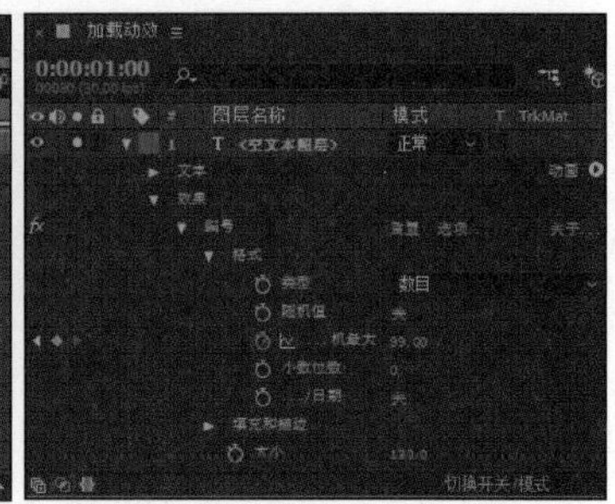

图7-65　设置文本格式　　图7-66　确定关键帧　　图7-67　自动标注关键帧

图7-68　预览效果

（36）选择“合成”/“添加到渲染队列”命令，在界面左下方将显示渲染内容，然后单击“输出到”右侧的超链接，在打开的对话框中设置文件保存的位置，完成后单击“渲染”按钮，即可对视频进行渲染，查看完成后的效果，如图7-69所示（配套资源：\效果\第7章\加载动效.avi、加载动效.aep）。

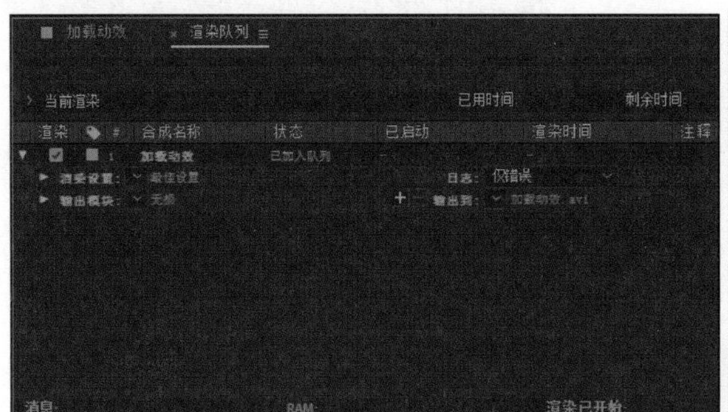

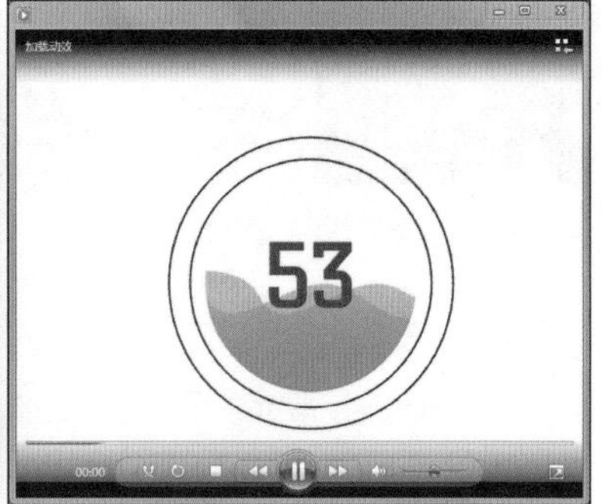

图7-69　设置文件保存的位置及查看完成后的效果

7.4　项目实训——标注App关注页界面

慕课视频

项目实训——标注App关注页界面

项目目的

本项目将使用PxCook对App关注页界面进行标注，在标注时不但要将尺

寸、文字、间距、颜色体现出来，标注还应具备完整性和美观性，完成后参考效果如图7-70所示。

图7-70　完成标注后的效果

制作思路

（1）启动PxCook，打开PxCook页面，单击“创建项目”按钮，打开“创建项目”对话框，在“项目名称”文本框中输入“App关注界面”，然后选择“Android”选项，单击“创建本地项目”按钮。

（2）将“App关注页界面.psd”素材文件（配套资源：\素材\第7章\App关注页界面.psd）拖曳到PxCook页面中，打开该界面，双击添加的素材进入编辑区。

（3）选择“距离标注”，在工具属性栏的“颜色”下拉列表框中选择“红色”选项，绘制间距标注，然后使用相同的方法生成其他间距标注。

（4）选择导航中间的“关注”文字，再选择“生成文本样式标注”，可发现文字的右侧已生成文字标注，然后在工具属性栏的“颜色”下拉列表框中选择“绿色”选项，并选中“字体名”“字号”“颜色”“对齐”复选框，设置标注的信息，最后调整标注的位置，使内容更加便于识别。

（5）使用与上一步相同的方法，对其他文字生成文字标注，若属于相同字体的文字，可减少标注信息，以便后期查看。

（6）选择图片，然后选择“生成区域标注”，可发现图片已经生成标注，然后在工具属性栏的“填充”下拉列表框中选择“黑色”选项，并选中“中心”单选项，设置标注样式，使内容更加便于识别。

（7）选择间隔的矩形，选择“矢量图层样式”，可发现矩形已生成颜色标注，然后在工具属性栏的“颜色”下拉列表框中选择“蓝色”选项，最后调整标注的位置。

（8）按【Ctrl+T】组合键，打开“导出PNG格式标注图”对话框，设置文件保存的名称，并单击“保存”按钮（配套资源：\效果\第7章\App关注页界面.pxcp、App关注页界面.png）。

思考与练习

使用After Effects CC 2018制作倒计时动效。在制作时先绘制圆形，然后添加文本，最后对文本设置倒计时动效（配套资源：\效果\第7章\倒计时动效.avi、倒计时动效.aep），完成后的参考效果如图7-71所示。

图7-71　倒计时动效的预览效果

Chapter 8

第8章 综合案例——电商主题界面设计

学习引导			
	知识目标	能力目标	情感目标
学习目标	1. 掌握设计案例的定位和构思方法，以及原型图的绘制方法 2. 掌握电商主题界面的设计方法	1. 能够对家居网界面进行设计 2. 能够对家居网App界面进行设计	1. 综合培养UI设计的策划能力 2. 综合培养UI的设计与制作能力

电子商务（以下简称“电商”）是通过电子交易方式进行交易和相关服务的活动，是传统商业活动各环节电子化、网络化的结果。随着互联网的不断发展，电商逐渐被企业用作产品的销售和推广，而在进行推广前则需要先进行网页界面的设计。本章将以“梦想家”家居网为例，讲解电商推广中网页界面和App界面的设计方法。

8.1 家居网案例分析

本案例的对象是一家名为“梦想家”的网站。该网站以家居设计为主，主要通过网页和App两种方式对企业进行展示，网页主要用于宣传企业，App则对产品进行展现。下面将对家居网设计前的准备工作进行介绍。

慕课视频

家居网案例分析

8.1.1 家居网项目定位

“梦想家”家居网是时尚创意平台，倡导创意时尚设计。它的目标用户主要为二线及以上城市的众多年轻的中产家庭。此年龄阶段的用户都习惯享受快捷、方便的服务，因此该网站自己提供了产品配送服务，完全符合用户的要求。用户是产品目标的第一要素，可用数据调查表模拟真实的用户情况，再通过这些用户的情况对产品进行分析，整理功能需求，图8-1所示为该网站模拟的用户情况。

图8-1　“梦想家”网站模拟的用户情况

8.1.2 家居网设计思路

家居网主要分为网页和App两个部分，网页主要是对企业进行宣传，包括业务、公司介绍、服务内容、资讯中心等，而App则通过首页、发现、详情页、商品结算、个人中心和登录界面6个部分介绍企业产品。下面先介绍网页界面的设计思路，再介绍App各个界面的设计思路。

1. 网页界面的设计思路

家居网主要针对年轻用户，其色彩以灰色为主色，蓝色和黄色为辅助色，整个界面简洁、自然。在设计上主要针对首页界面和“我的服务”内页界面进行设计，整个界面主要分为Logo、导航、Banner、相关板块、页尾5个部分，下面分别对各个部分的设计思路进行介绍。

- Logo。家居网的Logo主要是以“家”为主题，在设计上以房屋的形状将“家”体现出来，并在中间输入“梦想家”文字体现企业名称，然后在下方输入“MXJ”文字并对其进行设计，再次呼应主题。
- 导航。导航位于界面的顶部，主要分为3个部分，左侧为Logo和企业名称，右侧的顶部为企业联系方式和登录账号的位置，下方则是二级界面的链接按钮，单击这些按钮可跳转到所对应的界面。整个导航应简洁、美观，这样才符合年轻人的审美喜好。
- Banner。Banner位于导航的下方。在首页中Banner主要对“当季新品”进行展现，在设计上以时尚的家居图片做背景，再加上简洁的文字，以达到吸引用户浏览的目的。而在“我的服务”界面中，Banner则直接以清新的家居场景为背景，配合服务内容，提升用户对企业的好感度。
- 相关板块。相关板块是网页内容的展现区域，在家居网首页中可以将相关板块分为3个部分，即“我的业务”“关于梦想家”“精选展现”。其中“我的业务”板块主要是对企业的主要业务进行展现，包括整体家居、橱柜、衣柜、卫浴等；“关于梦想家”板块则是对企业基本信息进行介绍，包括品牌历史、家与未来、走进工厂等；“精选展现”板块则是对装修后的效果进行展现，达到吸引用户的目的。另外，“我的服务”内页界面则只是对服务内容进行简单的罗列，用户只需选择对应的选项即可查看相应的内容。
- 页尾。页尾位于网页的底部。在家居网中，页尾主要是对业务信息、企业信息、服务信息、资讯信息、招商信息等进行展现，方便用户能够快速查找所需要的内容。

2. App界面的设计思路

App界面主要是在网页的基础上进行制作，在设计上沿用网页界面的风格。整个App界面主要分为首页界面、发现页界面、详情页界面、商品结算页界面、个人中心页界面和登录页界面6个部分，下面将对各个部分的设计思路分别进行介绍。

- 首页界面。首页界面主要采用卡片型的布局方式，最上方为状态栏和标题栏，中间为信息展示区，下方为底部导航栏。在中间的信息展示区中，可通过商品图片、图标、热卖商品的形式来展现首页内容，在图片的选择上要符合家居主题。

- 发现页界面。发现页界面主要是对用户分享的内容进行展现，在设计时可先区分内容的类别，然后再根据类别进行界面设计。本案例中主要是对“灵感”类别的内容进行展现，整个效果分为3个部分，需要先选择合适的图片，然后再根据图片编辑说明内容。
- 详情页界面。详情页界面又被称为购买界面，在设计时要突显商品效果，并将用户所购买商品的价格、型号、颜色、购买数量、库存等体现出来，在界面的下方还需要体现出与购买相关的按钮，包括“立即购买”“加入购物车”等按钮。
- 商品结算页界面。商品结算页界面主要是对用户所购买的商品进行结算的界面，该界面中商品可以是一个，也可以是多个，可通过列表的方式依次对商品进行展现。在编辑商品信息时，不但要有商品的图片，还要有商品的文字介绍、价格、购买数量等内容，同时在界面下方还要对结算的金额进行展现，使整个界面效果更加直观。
- 个人中心页界面。个人中心页界面主要是对个人信息进行展现，在设计时需要将用户名称、头像等体现出来，在其下方还需要将待付款、待收货、待评价、退换货等内容体现出来，另外还要将我的钱包、认证中心、系统通知、安全与设置等内容进行展现。
- 登录页界面。登录页界面主要是用于登录账户的界面，该界面主要包括账户、密码和登录按钮，除此之外，该界面还可将常用的登录方式展现出来，便于用户更换其他方式进行账号的登录。

8.1.3 绘制家居网界面原型图

以家居网界面的设计思路为基础，进行原型图的绘制。图8-2所示为家居网网页界面的原型图，在其中设计人员对各个板块的内容都进行了说明。图8-3所示为家居网App界面的原型图，其中设计人员对各个界面的内容都进行了标注，并对文字、颜色和图标进行了展示。

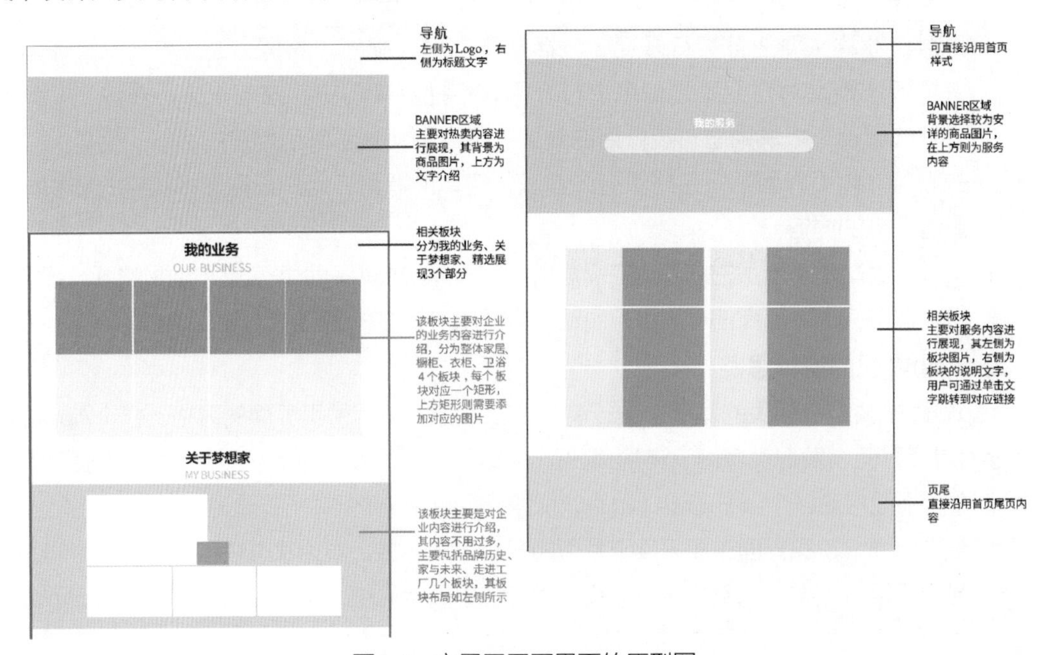

图8-2　家居网网页界面的原型图

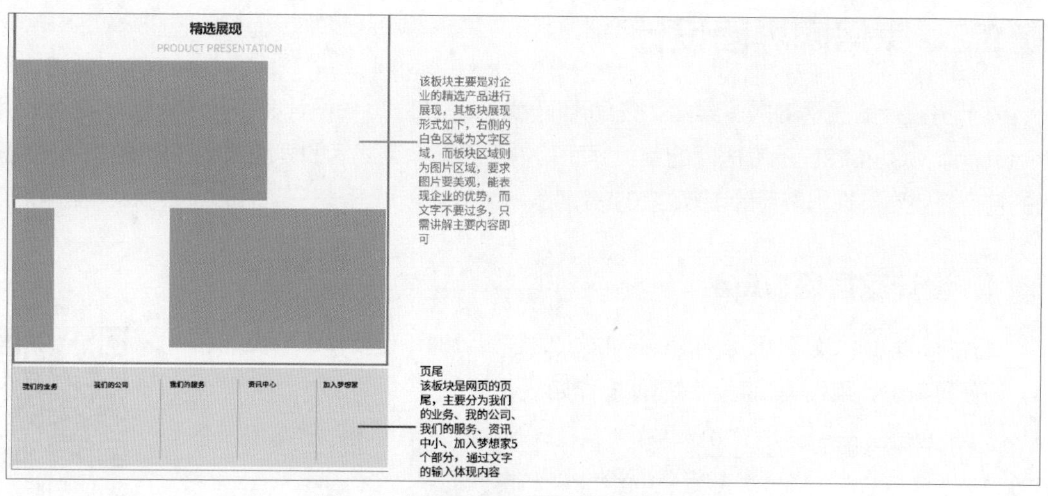

图8-2　家居网网页界面的原型图（续）

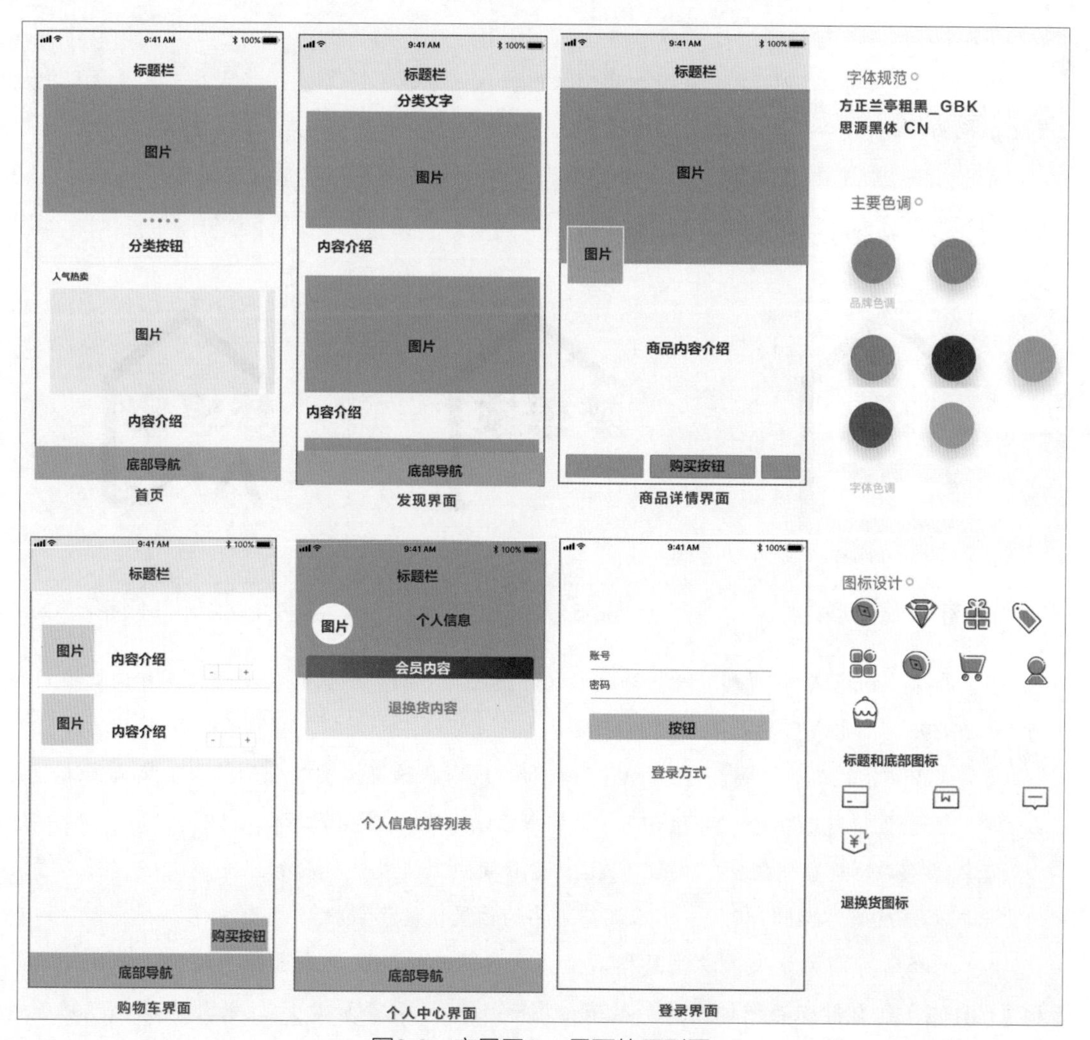

图8-3　家居网App界面的原型图

8.2 家居网界面设计

本节将设计家居网的网页界面，先使用Illustrator CC 2019设计家居网的Logo，然后使用Photoshop CC 2019设计家居网的首页界面和内页界面，完成后的界面效果不但要体现出家居网的特色，还要展现出展品的美观性和实用性。

8.2.1 设计家居网Logo

慕课视频

设计家居网Logo

使用Illustrator CC 2019设计家居网Logo，在设计时不但要体现网页的名称，还要具备设计点和美观度，其具体操作如下。

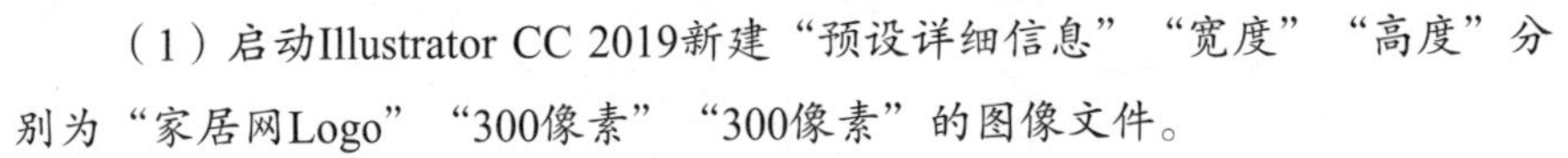

（1）启动Illustrator CC 2019新建“预设详细信息”“宽度”“高度”分别为“家居网Logo”“300像素”“300像素”的图像文件。

（2）选择“钢笔工具”，绘制房屋的形状，并设置填充颜色为“#464747”，完成后的效果如图8-4所示。

（3）选择“文字工具”T，在绘制的形状中输入“梦想家”文字，然后在工具属性栏中设置文本颜色为“#077C96”、字体为“方正剪纸_GBK”、字号为“45点”，如图8-5所示。

（4）选择“钢笔工具”，在“梦想家”文字下方绘制“M”形状，并设置填充颜色为“#464747”，完成后的效果如图8-6所示。

图8-4　绘制形状

图8-5　输入文字

图8-6　绘制“M”形状

（5）选择“钢笔工具”，绘制斜线形状，使之与“M”形状的右侧交叉，并设置填充颜色为“#077C96”，完成后的效果如图8-7所示。

（6）选择“钢笔工具”，在“M”形状和斜线形状的交叉处绘制形状，使交叉区域形成空白区域，并设置填充颜色为“#FFFFFF”，完成后的效果如图8-8所示。

（7）选择“梦想家”文字，按住【Alt】键不放向上拖曳鼠标指针以复制文字，将下方文字的文本颜色修改为“#464747”，然后调整文字的位置使其形成投影效果。

（8）选择所有图像效果，单击鼠标右键，在打开的快捷菜单中选择“编组”命令，完成后按【Ctrl+S】组合键保存图像文件，效果如图8-9所示（配套资源：\效果文件\第8章\家居网Logo.ai）。

图8-7　绘制斜线形状

图8-8　绘制形状

图8-9　查看完成后的效果

8.2.2 设计家居网首页界面

使用Photoshop CC 2019设计家居网页首页界面，在设计时可将首页界面分为导航、Banner、相关板块、页尾4个部分，然后再对各个部分的内容分别进行设计，其具体操作如下。

（1）启动Photoshop CC 2019，新建“预设详细信息”“宽度”“高度”“分辨率”分别为“家居网首页界面”“1920像素”“5300像素”“72像素/英寸”的图像文件。按【Ctrl+R】组合键打开标尺，在离图像顶部150像素的位置，添加参考线。

（2）选择“矩形工具”▭，在工具属性栏中设置填充颜色为“#3E3E3E”，在图像顶部绘制大小为1920像素×70像素的矩形。然后在左侧绘制大小为370像素×150像素的矩形，并设置填充颜色为“#FFFFFF”，如图8-10所示。

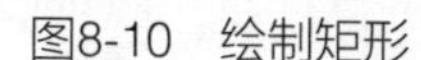

图8-10　绘制矩形

（3）双击左侧的矩形图层，打开“图层样式”对话框，选中“投影”复选框，设置“阴影颜色”“不透明度”“角度”“距离”“扩展”“大小”分别为“#928E8E”“64%”“113度”“4像素”“0%”“21像素”，单击“确定”按钮，如图8-11所示。

（4）打开“家居网Logo.ai”素材文件，将其中的Logo素材按图8-12所示拖曳到矩形左侧，然后调整大小和位置。

（5）选择“横排文字工具”T，在矩形上方输入图8-12所示的文字，再在工具属性栏中设置字体为“方正经黑简体”、文本颜色分别为“#FFFFFF”“#959595”，然后调整文字的大小和位置。

（6）选择“矩形工具”▭，在工具属性栏中设置填充颜色为“#464747”，在“梦想家家居”文字下方绘制大小为180像素×37像素的矩形。

（7）打开“家居网首页界面素材.psd”素材文件（配套资源：\素材\第8章\家居网首页界面

素材.psd），将其中的图标拖曳到图像中的最上方，然后调整大小和位置。

（8）选择“横排文字工具” T，在矩形上方输入图8-13所示的文字，再在工具属性栏中设置字体为“思源黑体 CN”、文本颜色分别为“#FFFFFF”“#077C96”“#3E3E3E”，然后调整文字的大小和位置。

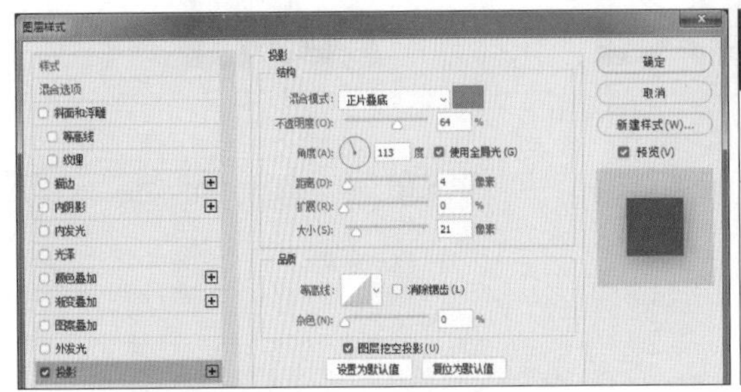

图8-11　设置投影样式

图8-12　添加Logo并输入文字

图8-13　输入文字

（9）选择“矩形工具” ，在工具属性栏中设置填充颜色为“#000000”，绘制大小为1920像素×800像素的矩形。

（10）在打开的“家居网首页界面素材.psd”素材文件中，将素材图片拖曳到绘制的矩形中，按【Ctrl+Alt+G】组合键创建剪贴蒙版，再复制矩形并将其移动到素材图片的上方，然后设置复制的矩形的“不透明度”为“40%”，并创建剪贴蒙版，如图8-14所示。

（11）选择“横排文字工具” T，在图片中输入图8-15所示的文字，再在工具属性栏中设置“ELEGANT ART”文字的字体为“Impact”，然后设置其他文字的字体为“思源黑体 CN”，最后设置文本颜色分别为“#0C7890”“#FFFFFF”，调整文字的大小和位置。

（12）选择“矩形工具” ，在“点击查看”文字下方绘制矩形，并设置填充颜色为“#464747”。

图8-14　添加素材

图8-15　输入文字并设置矩形

（13）选择“矩形工具” ，在工具属性栏中设置填充颜色为“#F9F9F9”，绘制4个大小为400像素×800像素的矩形。然后在矩形的上方再绘制4个大小为400像素×380像素的矩形，并设置填充颜色为“#AAAAAA”。

（14）在打开的“网页首页界面素材.psd”素材文件中，将图片素材依次拖曳到矩形上，按【Ctrl+Alt+G】组合键创建剪贴蒙版，如图8-16所示。

（15）在矩形下方新建图层，设置前景色为“#302E2E”，选择“画笔工具”，在工具属性栏中设置画笔样式为“柔边圆”、画笔大小为“155像素”，然后在矩形下方绘制投影，并设置“不透明度”为“20%”，效果如图8-17所示。

图8-16 绘制矩形并添加素材

图8-17 添加投影

（16）选择“横排文字工具”T，输入图8-18所示的文字，在工具属性栏中设置“我的业务”文字的字体为“方正兰亭粗黑_GBK”，然后设置其他文字的字体为“思源黑体 CN”，最后设置文本颜色分别为“#353031”“#CBCBCB”“#474646”“#302E2E”“#514E4E”，调整文字的大小和位置。

（17）选择“矩形工具”，绘制大小分别为1920像素×750像素、650像素×365像素、170像素×120像素的矩形，然后绘制3个大小为450像素×260像素的矩形，最后设置填充颜色分别为“#E5E5E5”“#FFFFFF”“#FDAC31”，效果如图8-19所示。

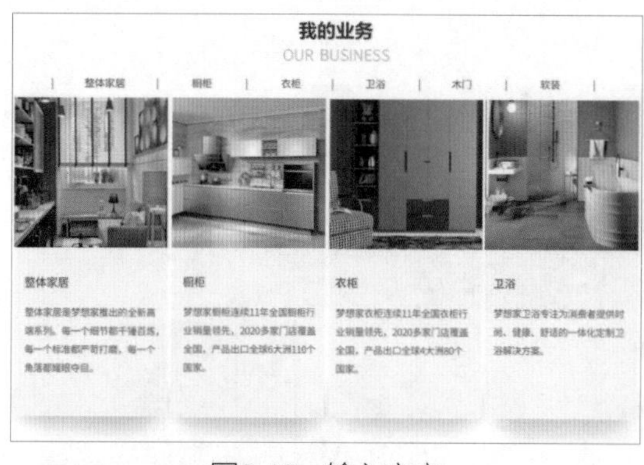

图8-18 输入文字

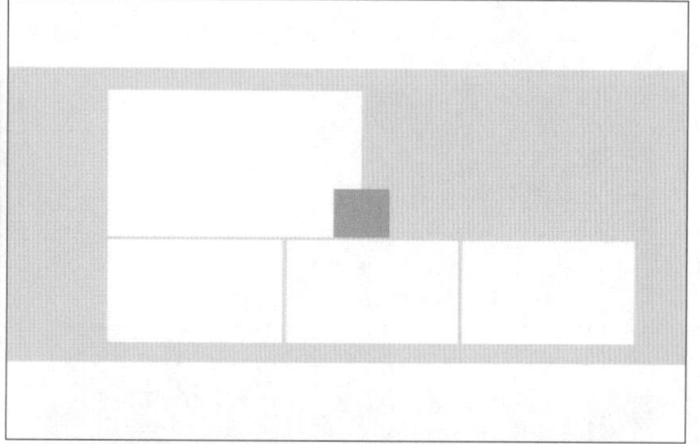

图8-19 绘制矩形

（18）在打开的“网页首页界面素材.psd”素材文件中，将素材图片拖曳到矩形右侧，然后调整大小和位置。

（19）选择“横排文字工具”[T]，输入图8-20所示的文字，在工具属性栏中设置“关于梦想家”文字的字体为“方正兰亭粗黑_GBK”，再设置其他文字的字体为“思源黑体 CN”，然后设置文本颜色分别为“#353031”“#CBCBCB”“#514E4E”“#F8F8F8”，最后调整文字的大小和位置。

（20）选择“自定形状工具”[图标]，在工具属性栏中设置描边颜色为“#434343”、描边宽度为“10像素”，然后在“形状”下拉列表框中选择图8-21所示的形状，在文字的上方绘制形状。

图8-20　输入文字

图8-21　绘制形状

（21）选择“矩形工具”[□]，绘制大小分别为1300像素×700像素、1100像素×700像素、210像素×700像素的矩形，并设置填充颜色为“#AAAAAA”，效果如图8-22所示。

（22）在打开的“网页首页界面素材.psd”素材文件中，将其中的图片素材按图8-23所示拖曳到矩形上，调整大小和位置，然后按【Ctrl+Alt+G】组合键创建剪贴蒙版。

（23）选择“横排文字工具”[T]，输入“ELEGANT ART”文字，在工具属性栏中设置字体为“Impact”，然后调整文字的大小和位置，将文本颜色设置为“#000000”，最后在“图层”面板中设置“填充”为“30%”，将图片区域中文字的文本颜色修改为“#FDFDFD”，如图8-23所示。

图8-22　绘制矩形

图8-23　添加素材并输入文字

（24）选择“横排文字工具” T，输入图8-24所示的文字，在工具属性栏中设置“精选展现”文字的字体为“方正兰亭粗黑_GBK”，再设置其他文字的字体为“思源黑体 CN”，然后设置文本颜色分别为“#353031”“#CBCBCB”“#848284”“#000000”，最后调整文字的大小和位置。

（25）选择“横排文字工具” T，按图8-25所示输入“点击查看”文字，在工具属性栏中设置字体为“思源黑体 CN”，设置文本颜色为“#FFFFFF”，然后调整文字的大小和位置。

（26）选择“矩形工具” □，在“点击查看”文字下方绘制大小为230像素×50像素的矩形，并设置填充颜色为“#212121”，效果如图8-25所示。

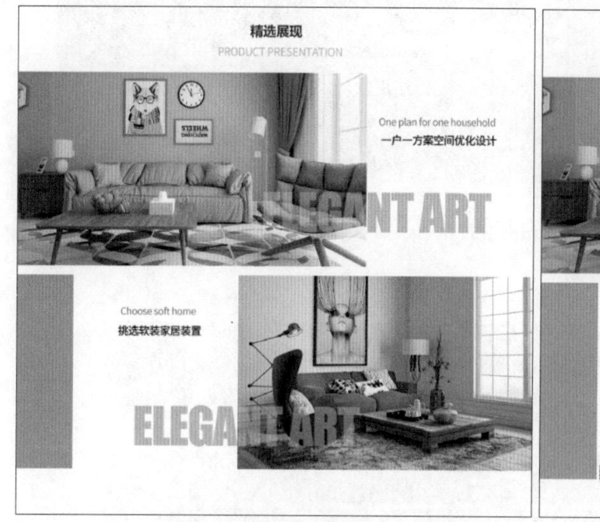

图8-24　输入文字

图8-25　输入文字并绘制矩形

（27）选择“矩形工具” □，在文字下方绘制大小为1920像素×500像素的矩形，设置填充颜色为“#E5E5E5”。

（28）选择“横排文字工具” T，输入图8-26所示的文字，在工具属性栏中设置字体为“思源黑体 CN”、文本颜色为“#0D0000”，然后调整文字的大小和位置，并设置最上方一行的文字加粗显示。选择“直线工具” ／，绘制颜色为“#A0A0A0”的竖线，如图8-26所示。

我们的业务	我们的公司	我们的服务	资讯中心	加入梦想家
整装大家居	关于梦想家	购物攻略	新闻中心	工作在梦想家
橱柜	品牌历史	梦想家商场	爱家计划	我们的招商
衣柜	家与未来	常见问题	投资者关系	海外招商
卫浴	梦想家家居定制	自助反馈		成为供应商
木门	走进工厂	联系我们		
软装				

图8-26　绘制矩形并输入文字

（29）按【Ctrl+;】组合键隐藏参考线，完成后按【Ctrl+S】组合键保存图像文件，完成本案例的制作（配套资源：\效果\第8章\家居网首页界面.psd），效果如图8-27所示。

梦想家
梦想家家居
客服/招商热线：400-××××-××
梦想家商城
经销商登陆
中文|English
首页
我的业务
我的公司
我的服务
资讯中心
投资者关系
加入梦想家
ELEGANT ART
秋季新品 专注简约时尚家具
FOCUS ON SIMPLE FASHION FURNITURE
点击查看

我的业务
OUR BUSINESS
整体家居
橱柜
衣柜
卫浴
木门
软装
整体家居
整体家居是梦想家推出的全新高端系列。每一个细节都千锤百炼，每一个标准都严苛打磨，每一个角落都耀眼夺目。
橱柜
梦想家橱柜连续11年全国橱柜行业销量领先，2020多家门店覆盖全国，产品出口全球6大洲110个国家。
衣柜
梦想家衣柜连续11年全国衣柜行业销量领先，2020多家门店覆盖全国，产品出口全球4大洲80个国家。
卫浴
梦想家卫浴专注为消费者提供时尚、健康、舒适的一体化定制卫浴解决方案。
关于梦想家
MY BUSINESS

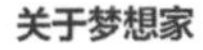
关于梦想家
ABOUT DREAMER
梦想家致力于改变每个家庭，为每一个家庭制定独一无二的家，让更多家庭享受高品质生活，我们每一款产品，都为满足个人的生活需求而打造。
查看更多

品牌历史

家与未来

走进工厂

图8-27　完成后的效果

图8-27 完成后的效果（续）

8.2.3 设计家居网内页界面

使用Photoshop CC 2019设计家居网“我的服务”内页界面，在设计时将继续采用顶部Banner+栅格的布局方式对服务内容进行展现，其具体操作如下。

设计家居网内页界面

（1）启动Photoshop CC 2019，新建“预设详细信息”“宽度”“高度”“分辨率”分别为“家居网内页界面”“1920像素”“2700像素”“72

像素/英寸”的图像文件。打开“家居网首页界面.psd”图像文件（配套资源：\效果\第8章\家居网首页界面.psd），将其中的导航拖曳到图像最上方，并调整大小和位置，更改“首页”文本颜色为“#3E3E3E”，“我的服务”文本颜色为“#077C96”。

（2）选择“矩形工具”▭，绘制大小为1920像素×800像素的矩形，并设置填充颜色为“#000000”。然后打开“家居网内页界面素材.psd”素材文件（配套资源：\素材\第8章\家居网内页界面素材.psd），将素材图片拖曳到矩形上，按【Ctrl+Alt+G】组合键创建剪贴蒙版，效果如图8-28所示。

（3）选择“圆角矩形工具”▢，在图像中绘制大小为1100像素×90像素的圆角矩形，并设置填充颜色为“#FFFFFF”、圆角矩形的“不透明度”为“70%”。

（4）选择“横排文字工具”T，输入图8-29所示的文字，在工具属性栏中设置“我的服务”文字字体为“方正兰亭粗黑_GBK”，再设置其他文字的字体为“思源黑体 CN”，然后设置文本颜色分别为“#FFFFFF”“#413F3F”，并调整文字的大小和位置。

图8-28 添加素材

图8-29 输入文字

（5）选择“矩形工具”▭，绘制6个大小为730像素×300像素的矩形，并设置填充颜色为“#F3F3F3”，然后在矩形的上方绘制6个大小为430像素×300像素的矩形，并设置填充颜色为“#AAAAAA”，如图8-30所示。

（6）在打开的“家居网内页界面素材.psd”素材文件中，将素材图片依次拖曳到矩形上，按【Ctrl+Alt+G】组合键创建剪贴蒙版，如图8-31所示。

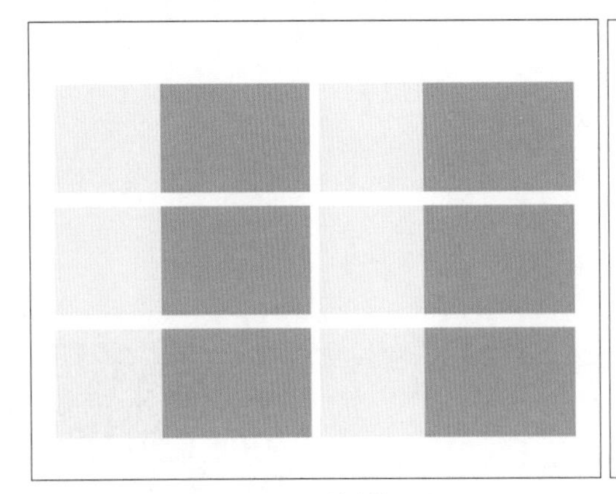

图8-30 绘制矩形

图8-31 添加素材图片

（7）选择“横排文字工具” T，输入图8-32所示的文字，在工具属性栏中设置字体为“思源黑体 CN”，再设置文本颜色为“#070000”，然后调整文字的大小和位置，如图8-32所示。

（8）选择“椭圆工具” ○，在文字上方绘制6个大小为70像素×70像素的圆，并设置填充颜色为“#7B7B7B”。

（9）选择“自定形状工具”，然后在“形状”下拉列表框中选择图8-33所示的形状，再在圆的上方绘制形状，并设置填充颜色为“#F9F9F9”。

图8-32　输入文字　　　　图8-33　绘制形状

（10）打开“家居网首页界面.psd”图像文件，将其中的页尾拖曳到图像最下方，并调整大小和位置。再按【Ctrl+S】组合键保存图像文件，完成本案例的制作，效果如图8-34所示（配套资源：\效果\第8章\家居网内页界面.psd）。

图8-34　完成后的效果

图8-34 完成后的效果（续）

8.3 家居网App界面设计

本节将设计家居网App界面，在设计上沿用网页界面的风格，在构图上主要将App界面分为首页界面、发现页界面、详情页界面、商品结算页界面、个人中心页界面和登录页界面6个部分，下面将分别进行设计与制作。

8.3.1 设计家居网App首页界面

慕课视频

案例设计：设计家居网App首页界面

下面设计家居网App首页界面。在设计时先添加状态栏素材，然后再分别对内容进行设计，在布局上采用综合型的布局方式，让整个界面效果不但美观，而且内容清晰易读，其具体操作如下。

（1）在Photoshop CC 2019中新建“预设详细信息”“宽度”“高度”“分辨率”分别为“家居网App首页界面”“1080像素”“1920像素”“72像素/英寸”的图像文件。

（2）依次添加参考线，然后打开“状态栏.psd”素材文件（配套资源：\素材\第8章\状态栏.psd），将其中的素材拖曳到图像中的最上方，并调整大小和位置。

（3）选择“矩形工具”▢，绘制大小为1020像素×550像素的矩形，并设置填充颜色为“#000000”。

（4）打开“家居网App首页界面素材.psd”素材文件（配套资源：\素材\第8章\家居网App首页界面素材.psd），将素材图片拖曳到矩形上，按【Ctrl+Alt+G】组合键创建剪贴蒙版。然后将二维码扫描图标和放大镜图标素材拖曳到矩形上，并调整大小和位置，如图8-35所示。

（5）选择“矩形工具”▢，绘制大小为750像素×250像素的矩形，并设置填充颜色为“#0C7890”、“不透明度”为“40%”。

（6）选择“矩形工具”▢，在工具属性栏中取消填充颜色，设置描边颜色为“#F9F9F9”、描边宽度为“3像素”，在矩形上方绘制大小为720像素×220像素的矩形。

（7）选择“横排文字工具”T，输入图8-36所示的文字，在工具属性栏中设置“ELEGANT ART”文字的字体为“Impact”，再设置其他文字的字体为“方正兰亭粗黑_GBK”，然后设置文本颜色分别为“#0C7890”“#FFFFFF”，最后调整文字的大小和位置。

图8-35　添加素材

图8-36　输入文字

（8）选择“椭圆工具”◯，在步骤（3）绘制的矩形下方绘制5个大小为17像素×17像素的圆，并设置填充颜色分别为“#AAAAAA”“#0C7890”。

（9）在打开的“家居网App首页界面素材.psd”素材文件中，将图标拖曳到圆的下方，再调整大小和位置，如图8-37所示。

（10）选择“横排文字工具”T，输入图8-38所示的文字，在工具属性栏中设置字体为“思源黑体 CN”，再设置文本颜色为“#8D8D8D”，然后调整文字的大小和位置。

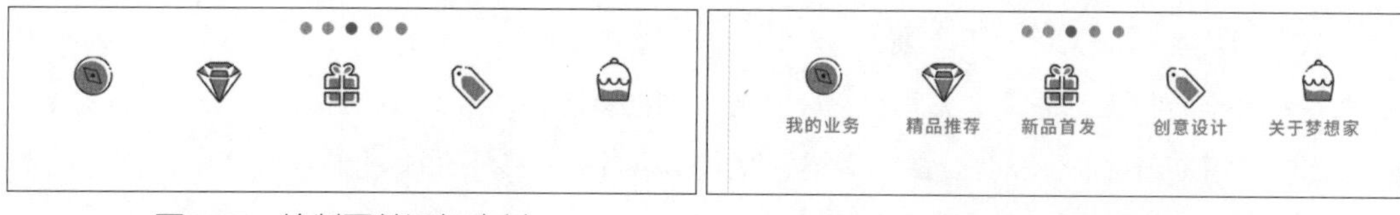

图8-37　绘制圆并添加素材　　图8-38　输入文字

（11）选择“矩形工具”，在文字的下方绘制大小为1021像素×12像素的矩形，并设置填充颜色为“#F9F9F9”。

（12）选择“圆角矩形工具”，在图像中绘制大小分别为920像素×450像素、40像素×450像素的圆角矩形，并设置填充颜色为“#F3F3F3”。

（13）在打开的“家居网App首页界面素材.psd”素材文件中，将素材拖曳到圆角矩形上方，并调整大小和位置，然后按【Ctrl+Alt+G】组合键创建剪贴蒙版，如图8-39所示。

（14）选择“横排文字工具”，输入图8-40所示的文字，在工具属性栏中设置“人气热卖”“2/6”“简约时尚沙发”文字的字体为“方正兰亭粗黑_GBK”，再设置其他文字的字体为“思源黑体 CN”，然后设置文本颜色分别为“#333333”“#A6A0A0”“#F31E1B”“#F9271C”“#B1B1B1”，最后调整文字的大小和位置。

（15）选择“矩形工具”，在“秋季上新8折预售”“3色可选”文字下方绘制矩形，并设置填充颜色分别为“#FDEDED”“#F2F0F0”，然后在右侧的“美”字的下方绘制圆角矩形，如图8-40所示。

图8-39　添加素材

图8-40　输入文字

（16）选择“矩形工具”，在文字的下方绘制大小为1080像素×144像素的矩形，并设置填充颜色为“#FBFCFD”。

（17）双击绘制的矩形图层，打开“图层样式”对话框，选中“投影”复选框，设置“不透明度”“角度”“距离”“扩展”“大小”分别为“20%”“18度”“3像素”“0%”“35像素”，如图8-41所示，完成后单击“确定”按钮。

（18）在打开的“家居网App首页界面素材.psd”素材文件中，将图标素材拖曳到矩形的上，并调整大小和位置。

（19）选择“横排文字工具”，输入“首页”“发现”“购物车”“我的”文字，然后调整文字的大小和位置，并设置文本颜色分别为“#2899B2”“#8D8D8D”。

（20）按【Ctrl+;】组合键隐藏参考线，完成后按【Ctrl+S】组合键保存图像文件，完成本例的制作，效果如图8-42所示（配套资源：\效果\第6章\家居网App首页界面.psd）。

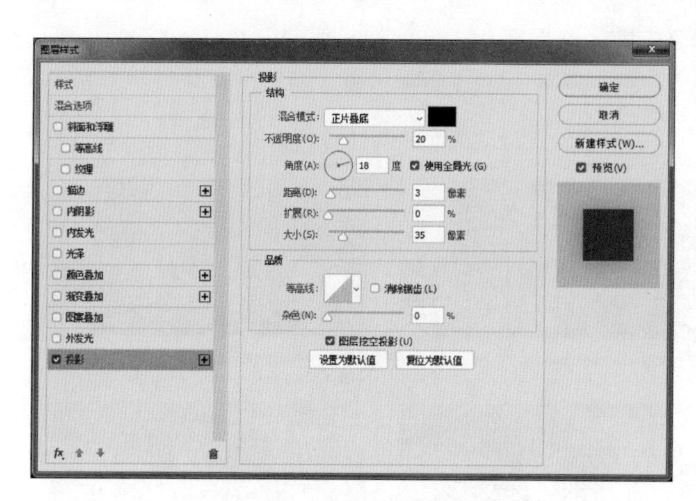

图8-41　设置“投影”参数

图8-42　完成后的效果

8.3.2　设计家居网App发现页界面

慕课视频

设计家居网App发现页界面

然后设计家居网App的发现页界面。在设计时沿用首页界面的色调，并采用图文搭配的方式对内容进行展现，整个界面效果不但简洁，而且美观，还能很好地展现内容，其具体操作如下。

（1）在Photoshop CC 2019中新建“预设详细信息”“宽度”“高度”“分辨率”分别为“家居网App发现页界面”“1080像素”“1920像素”“72像素/英寸”的图像文件，然后添加参考线。

（2）打开“状态栏.psd”素材文件（配套资源：\素材\第8章\状态栏.psd），将其中的素材拖曳到最上方，并调整大小和位置。

（3）选择“矩形工具”，在状态栏的下方绘制大小为1080像素×230像素的矩形，并设置填充颜色为“#F1F1F1”，然后在矩形的下方再绘制3个大小为1020像素×500像素的矩形，并设置填充颜色为“#F1F1F1”。

（4）打开“家居网App发现页界面素材.psd”素材文件（配套资源：\素材\第8章\家居网App发现页界面素材.psd），将素材拖曳到矩形上方，然后调整大小和位置，按【Ctrl+Alt+G】组合键创建剪贴蒙版，如图8-43所示。

（5）选择“横排文字工具”，输入图8-44所示的文字，在工具属性栏中设置字体为“方正兰亭粗黑_GBK”、文本颜色分别为“#484B4B”“#948F8F”“#2899B2”“#AEADAD”，然后调整文字的大小和位置。

（6）打开“家居网App首页界面.psd”图像文件（配套资源：\效果\第8章\家居网App首页界面.psd），将最下方的底部导航栏拖曳到图像中，调整位置，并将“发现”文字的文本颜色修改为“#63AFC3”，“首页”文字的文本颜色修改为“#A7A7A8”。

（7）按【Ctrl+;】组合键隐藏参考线，再按【Ctrl+S】组合键保存图像文件，完成本例的制作，完成后的效果如图8-45所示（配套资源：\效果\第8章\家居网App发现页界面.psd）。

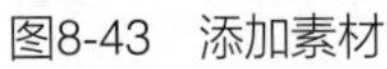
图8-43　添加素材

图8-44　输入文字

图8-45　完成后的效果

8.3.3　设计家居网App详情页界面

慕课视频

设计家居网App详情页界面

接下来设计家居网App详情页界面。在设计时先展现商品内容，然后制作购买页界面，购买页界面要体现出商品的具体信息和购买按钮，以便用户购买商品，其具体操作如下。

（1）在Photoshop CC 2019中新建“预设详细信息”“宽度”“高度”“分辨率”分别为“家居网App详情页界面”“1080像素”“1920像素”“72像素/英寸”的图像文件。

（2）选择“矩形工具”，在状态栏的下方绘制大小为1080像素×230像素的矩形，并设置填充颜色为“#F1F1F1”。

（3）添加参考线，然后打开“状态栏.psd”素材文件（配套资源：\素材\第8章\状态栏.psd），将其中的素材拖曳到矩形最上方，并调整大小和位置。

（4）选择“矩形工具”，在标题栏的下方绘制大小分别为1080像素×750像素、1080像素×940像素的矩形，并设置填充颜色分别为“#FC6C65”“#FFFFFF”，然后再绘制大小为250

像素×250像素的矩形，设置填充颜色为“#009944”、描边颜色为“#FFFFFF”、描边宽度为“5像素”，效果如图8-46所示。

（5）打开“家居网App详情页界面素材.psd”素材文件（配套资源：\素材\第8章\家居网App详情页界面素材.psd），将素材图片拖曳到矩形上，并调整大小和位置，然后按【Ctrl+Alt+G】组合键创建剪贴蒙版，如图8-47所示。

（6）选择“横排文字工具” T，输入图8-48所示的文字，在工具属性栏中设置“商品详情”文字的字体为“方正兰亭粗黑_GBK”，再设置其他文字的字体为“思源黑体 CN”、文本颜色分别为“#484B4B”“#FC6A63”“#FB615A”“#4F4F4F”“#858484”，然后调整文字的大小和位置。

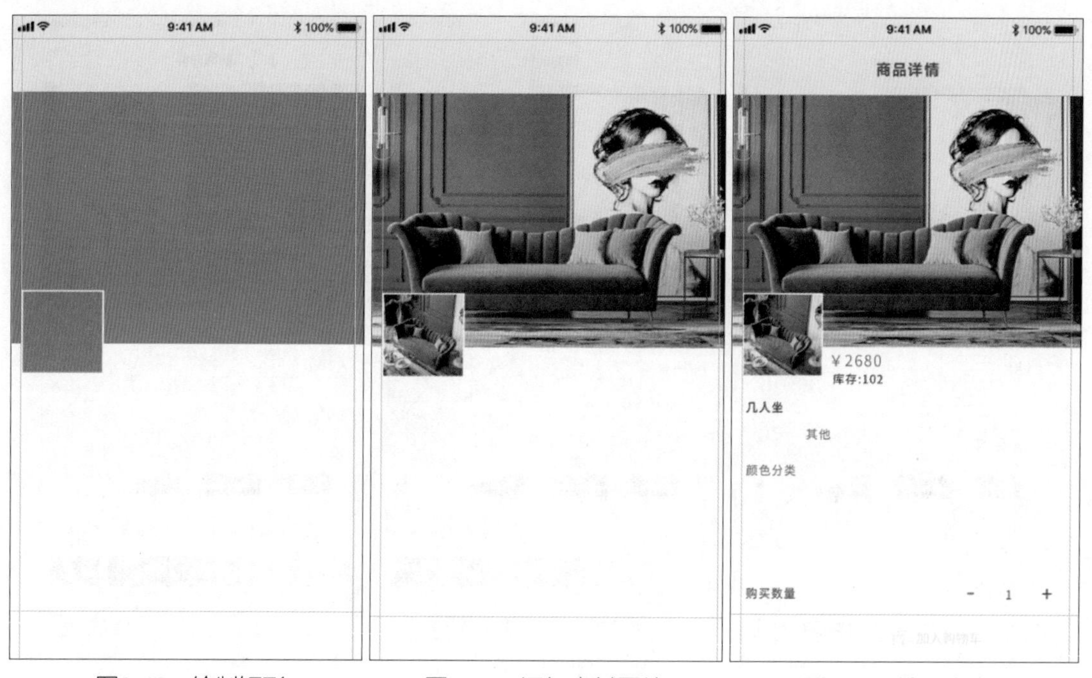

图8-46 绘制矩形　　图8-47 添加素材图片　　图8-48 输入文字

（7）选择“矩形工具” □，在“其他”文字下方绘制大小为460像素×85像素的矩形，并取消填充颜色，设置描边颜色为“#FC6C65”、描边宽度为“3像素”。然后分别在“-”“1”“+”文字下方绘制大小为95像素×90像素、140像素×90像素、95像素×90像素的矩形，并设置描边颜色为“#737373”、描边宽度为“3像素”。

（8）在打开的“App详情页界面素材.psd”素材文件中，将与商品颜色分类相关的图片素材拖曳到“颜色分类”文字下方，并调整大小和位置，效果如图8-49所示。

（9）选择“圆角矩形工具” □，在工具属性栏中设置填充颜色为“#FFE4D0”、描边颜色为“#D4807C”、描边宽度为“2像素”，在图像的下方绘制大小为340像素×100像素的圆角矩形。

（10）选择“圆角矩形工具” □，在工具属性栏中设置填充颜色为“#FF4400”、描边颜色为“#B00901”、描边宽度为“2像素”，在圆角矩形的右侧绘制大小为455像素×100像素的圆角矩形。然后在右侧绘制填充颜色为“#DF231C”、描边颜色为“#B00901”、描边宽度为“2像素”，大小为170像素×100像素的圆角矩形，效果如图8-50所示。

（11）选择“横排文字工具”，输入图8-51所示的文字，在工具属性栏中设置字体为“思源黑体 CN”、文本颜色分别为“#E7694F”“#FFF3EF”“#FEFEFE”，然后调整文字的大小和位置。

（12）选择“自定形状工具”，在工具属性栏中设置填充颜色为“#F5F5F7”，然后在“形状”下拉列表框中选择“购物车”形状选项，再在“加入购物车”文字左侧绘制购物车形状。

（13）按【Ctrl+;】组合键隐藏参考线，再按【Ctrl+S】组合键保存图像文件，完成本案例的制作，完成后的效果如图8-51所示（配套资源：\效果\第8章\家居网App详情页界面.psd）。

图8-49　绘制矩形并添加素材

图8-50　绘制圆角矩形

图8-51　完成后的效果

8.3.4 设计家居网App商品结算页界面

慕课视频

设计家居网App商品结算页界面

接下来设计家居网App商品结算页界面。在设计时要将用户所购买的商品体现出来，并在其中对价钱、名称、购买数量等进行展现，其具体操作如下。

（1）在Photoshop CC 2019中新建“预设详细信息”“宽度”“高度”“分辨率”分别为“家居网App商品结算页界面”“1080像素”“1920像素”“72像素/英寸”的图像文件。

（2）选择“矩形工具”，在状态栏的下方绘制大小为1080像素×230像素的矩形，并设置填充颜色为“#F1F1F1”。

（3）添加参考线，然后打开“状态栏.psd”素材文件（配套资源：\素材\第8章\状态栏.psd），将其中的素材拖曳到矩形最上方，并调整大小和位置。

（4）选择“矩形工具”，在状态栏的下方绘制两个大小为230像素×220像素的矩形，然后再在下方绘制大小为1080像素×40像素的矩形，并设置填充颜色为“#F5F5F7”。

（5）选择“矩形工具”，在工具属性栏中取消填充颜色，设置描边颜色为“#E5E5E5”、描边宽度为“2像素”，在矩形右侧空白区域绘制大小分别为65像素×65像素、90像素×65像素、65像素×65像素的矩形，然后选择绘制的矩形，按住【Alt】键不放并向下拖动鼠标指针以复制矩形。

（6）选择“矩形工具”，在下方绘制大小为250像素×140像素的矩形，并设置填充颜色为“#FB6B64”。选择“直线工具”，在矩形的上、下方绘制颜色为“#E5E5E5”的直线，效果如图8-52所示。

（7）打开“家居网App商品结算页界面素材.psd”素材文件（配套资源：\素材\第8章\家居网App商品结算页界面素材.psd），将素材拖曳到矩形上，并调整大小和位置，然后按【Ctrl+Alt+G】组合键创建剪贴蒙版。

（8）选择“横排文字工具”，输入图8-53所示的文字，在工具属性栏中设置“购物车”文字的字体为“方正兰亭粗黑_GBK”，再设置其他文字的字体为“思源黑体 CN”、文本颜色分别为“#484B4B”“#000709”“#A5A4A4”“#4F4F4F”“#FB6962”“#B9B8B8”“#858484”“#585858”“#F5F5F7”，然后调整文字的大小和位置。

（9）打开“家居网App首页界面.psd”图像文件（配套资源：\效果\第8章\家居网App首页界面.psd），将最下方的底部导航栏拖曳到图像中，调整位置，并将“购物车”文字的文本颜色修改为“#63AFC3”，“首页”文字的文本颜色修改为“#A7A7A8”。

（10）按【Ctrl+;】组合键隐藏参考线，再按【Ctrl+S】组合键保存图像文件，完成本案例的制作，效果如图8-54所示（配套资源：\效果\第8章\家居网App商品结算页界面.psd）。

图8-52　绘制矩形和直线

图8-53　输入文字

图8-54　完成后的效果

8.3.5 设计家居网App个人中心页界面

设计家居网App个人中心页界面

下面设计家居网App个人中心页界面。在设计时要将个人信息以及与购买相关的图标和内容体现出来，便于用户查看交易信息，并在界面下方对App系统设置信息进行展现，帮助用户设置个人信息，其具体操作如下。

（1）在Photoshop CC 2019中新建“预设详细信息”“宽度”“高度”“分辨率”分别为“家居网App个人中心页界面”“1080像素”“1920像素”“72像素/英寸”的图像文件。

（2）选择“矩形工具”，在状态栏的下方绘制大小为1080像素×590像素的矩形，并设置填充颜色为“#2899B2”。

（3）添加参考线，然后打开“状态栏.psd”素材文件（配套资源：\素材\第8章\状态栏.psd），将其中的素材拖曳到矩形最上方，并调整大小和位置。

（4）选择“横排文字工具”，输入图8-55所示的文字，然后调整文字的大小和位置，并设置文本颜色分别为“#FFFFFF”薄“#C8B068”薄“#FED14D”。

（5）选择“椭圆工具”，在工具属性栏中设置填充颜色为“#FFFFFF”，绘制大小为177像素×177像素的圆形，如图8-55所示。

（6）选择“圆角矩形工具”，在工具属性栏的“填充”下拉列表框中单击“渐变”按钮，设置渐变颜色为“#433E33~#6E6A5E”，然后分别绘制大小为990像素×250像素和245像素×65像素的圆角矩形，最后选择小的圆角矩形，按【Ctrl+Alt+G】组合键创建剪贴蒙版，如图8-56所示。

图8-55 输入文字

图8-56 绘制圆角矩形

（7）选择“圆角矩形工具”，在工具属性栏中设置填充颜色为“#FFFFFF”，在矩形下方绘制大小为995像素×250像素的圆角矩形。

（8）双击绘制的圆角矩形图层，打开“图层样式”对话框，选中“投影”复选框，设置“颜色”“距离”“大小”分别为“#FED14D”“26像素”“55像素”，单击“确定”按钮，如图8-57所示。

（9）打开“家居网App个人中心页界面素材.psd”素材文件（配套资源：\素材\第8章\家居

网App个人中心页界面素材.psd），将人物图片素材拖曳到圆形上方，将其置入圆形中用作个人头像，再将图标素材依次拖曳到矩形上，然后调整大小和位置。

（10）选择“横排文字工具”T，输入图8-58所示的文字，然后调整文字的大小和位置，并设置文本颜色为“#333333”。

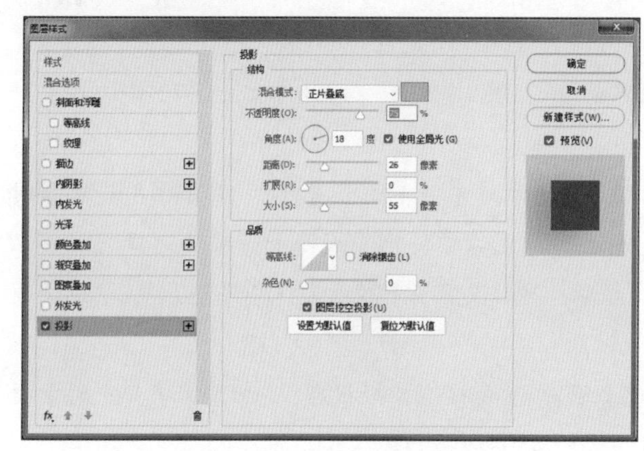

图8-57 设置“投影”参数

图8-58 输入文字

（11）在打开的“家居网App个人中心页界面素材.psd”素材文件中，将其他图标拖曳到图像中，然后调整大小和位置。

（12）选择“横排文字工具”T，在图标的右侧输入图8-59所示的文字，然后调整文字的大小和位置，并设置文本颜色为“#333333”。

（13）选择“自定形状工具”，在工具属性栏中设置填充颜色为“#BBBBBB”，在“形状”下拉列表框中选择“箭头2”选项，在文字右侧绘制所选择的形状。

（14）打开“家居网App首页界面.psd”图像文件（配套资源：\效果\第8章\家居网App首页界面.psd），将最下方的底部导航栏拖曳到图像中，调整位置，并将“我的”文字的文本颜色修改为“#63AFC3”，“首页”文字的文本颜色修改为“#A7A7A8”。

（15）按【Ctrl+;】组合键隐藏参考线，再按【Ctrl+S】组合键保存图像文件，完成本案例的制作，效果如图8-59所示（配套资源：\效果\第8章\家居网App个人中心页界面.psd）。

图8-59 完成后的效果

8.3.6 设计家居网App登录页界面

慕课视频

设计家居网App登录页界面

最后设计家居网App的登录页界面。在设计时沿用首页界面的色调，并采用图文搭配的方式对内容进行展现，整个界面效果不但简洁，而且美观，其具体操作如下。

（1）在Photoshop CC 2019中新建"预设详细信息""宽度""高度""分辨率"分别为"家居网App登录页界面""1080像素""1920像素""72像素/英寸"的图像文件，然后添加参考线。

（2）打开"家居网App登录页界面素材.psd"素材文件（配套资源：\素材\第8章\家居网App登录页界面素材.psd），将背景图片素材拖曳到图像中并调整大小和位置。选择"矩形工具"，绘制大小为1080像素×1920像素的矩形，然后设置填充颜色为"#F5F5F7"、"不透明度"为"50%"。

（3）打开"状态栏.psd"素材文件（配套资源：\素材\第8章\状态栏.psd），将其中的素材拖曳到矩形的最上方，然后调整大小和位置，如图8-60所示。

（4）选择"横排文字工具"，输入图8-61所示的文字，在工具属性栏中设置字体为"思源黑体 CN"、文本颜色分别为"#C4C2C2""#3F3C3C""#797676""#181716"，然后调整文字的大小和位置。

（5）选择"直线工具"，在文字的下方绘制颜色为"#626262"的直线。选择"圆角矩形工具"，在工具属性栏中设置填充颜色为"#F6D35B"，在"登录"文字下方绘制大小为787像素×111像素的圆角矩形。

（6）在打开的"家居网App登录页界面素材.psd"素材文件中，将图标素材拖曳到文字下方，并调整大小和位置。完成后按【Ctrl+S】组合键保存图像文件，完成本案例的制作，完成后的效果如图8-62所示（配套资源：\效果\第8章\家居网App登录界面.psd）。

图8-60 添加素材

图8-61 输入文字

图8-62 完成后的效果

思考与练习

（1）设计大米网页首页界面。该首页界面主要是对黑龙江大米进行介绍，完成后的参考效果如图8-63所示（配套资源：\效果\第8章\大米网页首页.psd）。

图8-63　大米网页首页界面

（2）设计旅行网App首页界面。该首页界面主要用于展现旅行网的主要内容，包括旅行日记、促销产品、分类区和热门地区等，然后通过不同的模板拼合，使整个界面效果不但美观，而且内容更具有可读性，完成后的参考效果如图8-64所示（配套资源：\效果\第8章\说走就走旅行网首页.psd）。

图8-64　旅行网App首页界面